R. P. COURS

DE

# GÉOMÉTRIE

ENSEIGNEMENT SECONDAIRE CLASSIQUE — COLLECTION PAUL DUPONT

# COURS

DE

# GÉOMÉTRIE

A L'USAGE

DES ÉLÈVES DE LA CLASSE DE TROISIÈME

CONFORME AUX PROGRAMMES OFFICIELS DU 2 AOUT 1880

PAR

## M. E. COMBETTE

Professeur agrégé de mathématiques au Lycée Saint-Louis

PARIS

SOCIÉTÉ D'IMPRIMERIE ET LIBRAIRIE ADMINISTRATIVES

ET DES CHEMINS DE FER

**Paul DUPONT**

41, RUE JEAN-JACQUES-ROUSSEAU (HOTEL DES FERMES)

1881

# COURS DE GÉOMÉTRIE [1]

## CLASSE DE TROISIÈME

### PROGRAMME

RÉVISION DES PREMIER ET SECOND LIVRES.

#### LIVRE TROISIÈME.

.ignes proportionnelles. — Similitude. — Relation entre les côtés des triangles rectangles. — Propriétés des cordes, des sécantes et des tangentes issues du même point. — Polygones réguliers: Carré, hexagone. — Rapport de la circonférence au diamètre.

#### LIVRE QUATRIÈME.

lesure des aires : rectangle, parallélogramme, triangle, trapèze. — Polygone circonscrit: aire du cercle. — Rapport des aires de deux figures semblables.

### RÉVISION DU LIVRE PREMIER.

#### § I$^{er}$. — Notions préliminaires.

Toute portion limitée de l'espace s'appelle *volume* (2).
Ce qui limite un volume s'appelle *surface* (3).

(1) GÉOMÉTRIE, du latin *geometria*, du grec γῆ, terre, ιτρον, mesure.
(2) VOLUME, du latin *volumen* (étendue, grosseur); racine: *olo*, qui marque l'idée de rouler.
(3) SURFACE, du latin *superfacies*, de sur, dérivé de *super* de face (le latin a donné superficie).

1

Ce qui limite une surface s'appelle *ligne* (1) : la ligne est donc aussi l'intersection de deux surfaces.

Le *point* (2) est la limite d'une portion de ligne : c'est donc aussi l'intersection de deux lignes.

Les volumes, les surfaces et les lignes portent, en général, le nom de *figures* (3).

La *géométrie* (4) a pour but l'étude des propriétés des figures.

Un *axiome* (5) est une propriété que l'on admet comme évidente.

Un *théorème* (6) est une propriété que l'on démontre : l'*énoncé* d'un théorème comprend deux parties bien distinctes : l'*hypothèse* (7) et la *conclusion*.

Un *corollaire* (8) est une propriété qui est la conséquence immédiate d'un théorème.

La *réciproque* (9) d'un théorème est un autre théorème, qui est lié au premier de telle sorte qu'il a pour hypothèse et conclusion la conclusion et l'hypothèse du premier.

### § II. — Ligne droite et plan. — Ligne brisée. — Ligne courbe.

La plus simple de toutes les lignes est la *ligne droite*; nous ne la définissons pas; l'idée que nous en avons ne peut être ramenée à d'autres plus simples.

### Axiome I.

*La ligne droite est le plus court chemin d'un point à un autre.*

(1) LIGNE, du latin *linea*, même sens, *trait délié*.
(2) POINT, du latin *punctum*, piqûre, de *pungere*, piquer.
(3) FIGURE, du latin *figura*, racine : *fig.* marquant l'action de pétrir (*figulus*, potier).
(4) GÉOMÉTRIE, du latin *geometria*, du grec γῆ, terre; μέτρον, mesure.
(5) AXIOME, du grec ἀξίωμα (proposition, prix, valeur, etc.).
(6) THÉORÈME, du grec θεώρημα, θεωρέω, je regarde, j'examine.
(7) HYPOTHÈSE, du latin *hypothesis*, du grec ὑπό sous, θέσις, action de placer.
(8) COROLLAIRE, du latin *corollarium* (petite couronne).
(9) RÉCIPROQUE, du latin *reciprocus*, même sens.

**Corollaire.** — *Il n'y a qu'une seule droite passant par deux points, autrement dit : deux droites qui ont deux points communs coïncident dans toute leur étendue.*

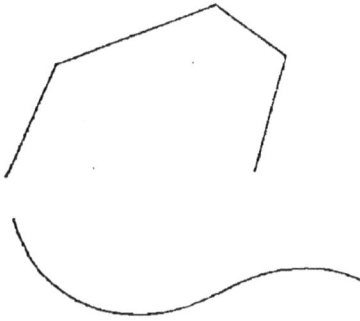

**Définitions.** — *La ligne brisée est une ligne formée par des portions de lignes droites.*

*La ligne courbe est une ligne qui n'est ni droite ni brisée.*

Le plan (1) est une surface telle que la droite qui passe par deux quelconques de ses points s'y trouve contenue entièrement.

On dit qu'une figure est plane lorsque tous ses points sont contenus dans le même plan. — Dans le cas contraire on dit qu'elle est gauche.

### § III. — Angle. — Angle droit. — Perpendiculaire.

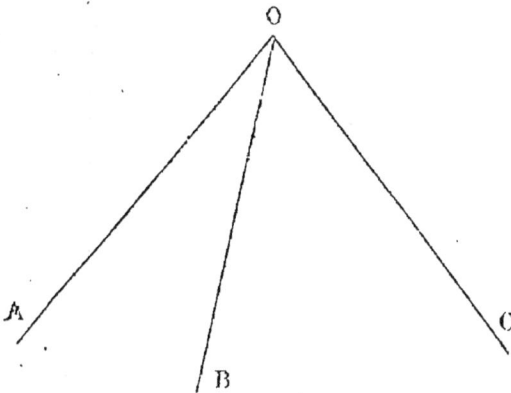

**Définitions.** —*Un angle (2) est la figure formée par deux droites qui se rencontrent et qui sont limitées au point commun.*

*La grandeur d'un angle ne dépend pas de la longueur de ses côtés, qui ne sont*

(1) PLAN, du latin *planus*, plat.
(2) ANGLE, du latin *angulus*, du grec ἀγκύλη (pli du coude ou du jarret).

limités que par le sommet, mais elle dépend de l'écartement de ces côtés.

Deux angles sont dits adjacents (1) lorsqu'ils ont même sommet, un côté commun, et qu'ils sont placés de part et d'autre de ce côté.

Tels sont les deux angles AOB, BOC, et aussi les deux

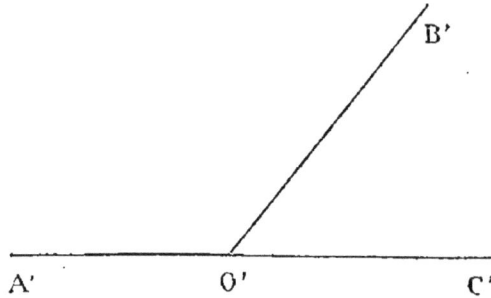

angles A'O'B', B'O'C'; mais ceux-ci ont de plus les côtés non communs en même direction.

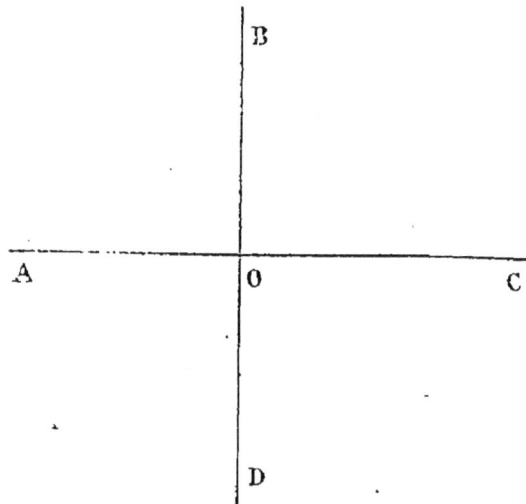

Deux figures sont dites égales (2) lorsqu'on peut les amener à coïncider dans toutes leurs parties en transportant l'une des figures sur l'autre, sans altérer sa forme.

Une droite est perpendi-

(1) ADJACENT, du latin adjacentem (situé près), ad-jaceo.
(2) EGAL, du latin æqualis, uni ; æquus, juste ; æquor, la plaine.

culaire (1) sur *une autre lorsqu'elle forme avec celle-ci deux angles adjacents égaux.*

*Un angle droit est un angle dont un côté est perpendiculaire sur l'autre.*

Ainsi, l'angle AOB étant supposé égal à l'angle BOC, on dira que BD est perpendiculaire sur AC, et chacun des angles AOB, BOC sera dit *droit.*

## THÉORÈME I.

*D'un point pris sur une droite, on peut toujours élever une perpendiculaire, et une seule, à cette droite.*

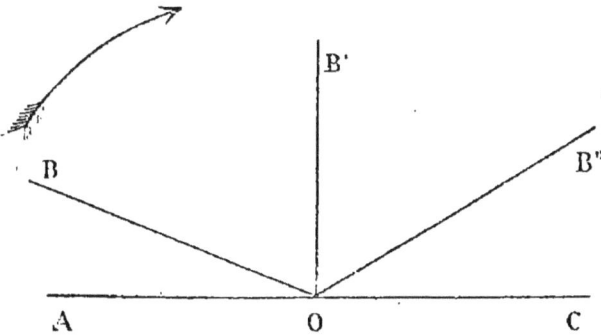

Du point O de AC on peut élever une perpendiculaire et une seule à AC : supposons une droite OB qui pivote autour du point O dans le sens de la flèche : étant d'abord très voisine de OA, les deux angles adjacents qu'elle forme avec AOC sont inégaux, le plus petit est AOB; dans le mouvement de la droite, les deux angles vont aller l'un AOB en croissant, et l'autre BOC en décroissant d'une manière continue. Or, il arrivera un moment où le plus grand des deux angles deviendra le plus petit, puisque OB prendra des positions aussi voisines que l'on voudra de OC; donc, à un certain instant, les deux angles étaient égaux : soit OB cette position : la droite OB' est donc perpendiculaire en O sur AC. — C'est la seule position, car dans le mouvement

(1) PERPENDICULAIRE, du latin *perpendicularis*, *per*, à travers; *pend.* idée de pendre.

de la droite, l'un des angles va toujours en croissant, et l'autre toujours en décroissant; donc il n'y a qu'une seule perpendiculaire à AC au point O.

**Corollaire**. — *Tous les angles droits sont égaux ;* car en supposant les deux angles AOB, A'O'B' droits, nous

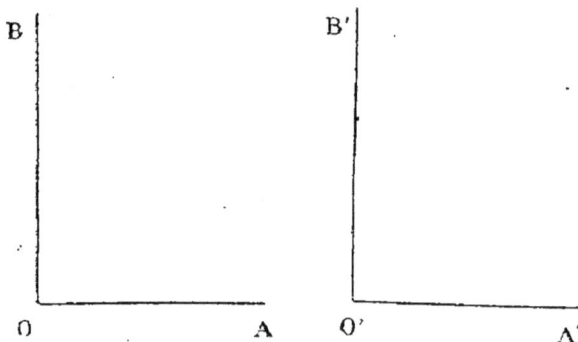

les ferons coïncider en portant A'O'B' sur AOB, de telle sorte que O'A' coïncide avec OA, O' étant en O : O'B' et OB étant alors perpendiculaires au même point O de OA coïncideront.

**Définitions**. —. *Un angle est aigu* (1) *ou obtus* (2) *suivant qu'il est plus petit ou plus grand qu'un angle droit.*

*Deux angles complémentaires sont tels que leur somme vaut un angle droit.*

*Deux angles supplémentaires sont tels que leur somme vaut deux angles droits.*

*Deux angles sont égaux quand ils ont même complément ou même supplément.*

### THÉORÈME II.

*Les angles adjacents formés par deux droites qui se coupent sont supplémentaires.*

(1) Aigu, du latin *acutus* (pointu), *acu*, aiguille.
(2) Obtus, du latin *obtusus, ob-tundere,* émousser.

Soit les deux angles adjacents AOB, BOC formés par

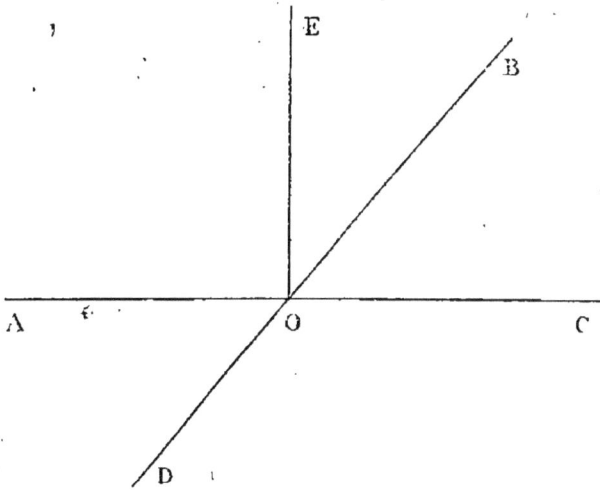

les droites AC, BD; élevons OE perpendiculaire sur AC: les deux angles AOE, COE tous deux droits ont même somme que les angles AOB, BOC; donc, ceux-ci sont supplémentaires.

## Réciproque du théorème II.

*Lorsque deux angles adjacents sont supplémentaires, les côtés non communs sont en même direction.*

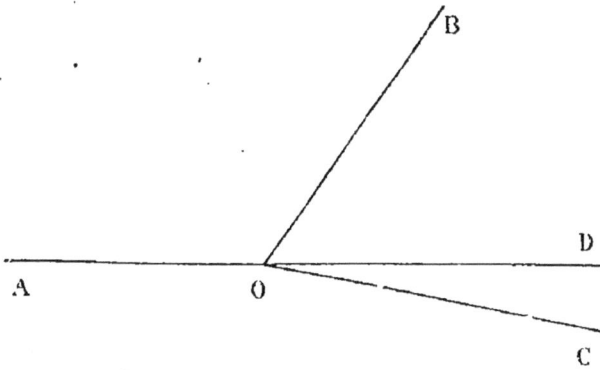

Supposons que les angles adjacents $\widehat{AOB}$, $\widehat{BOC}$ aient pour somme deux droits, et considérons l'angle $\widehat{BOD}$ formé par le prolongement OD de OA; d'après le théorème II, $\widehat{BOD}$ sera supplémentaire de AOB, et, par suite, $\widehat{BOD}$ sera égal à $\widehat{BOC}$; donc OC et OD se confondent.

### Corollaires du théorème II.

**I.** — *Si une droite est perpendiculaire sur une autre, celle-ci est perpendiculaire sur la première.*

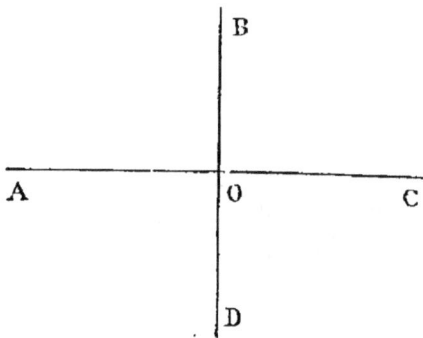

Soit BD perpendiculaire sur AC, c'est-à-dire soit $\widehat{AOB} = \widehat{BOC}$; prouvons que AC est perpendiculaire sur BD, c'est-à-dire que $\widehat{BOC} = \widehat{COD}$. — En effet, $\widehat{COD}$ vaut un *droit* comme supplément de $\widehat{BOC}$, donc il égale $\widehat{BOC}$.

**II.** — *Toutes les directions passant par un même point d'une droite forment, d'un même côté de cette ligne, des angles adjacents dont la somme vaut deux droits.*

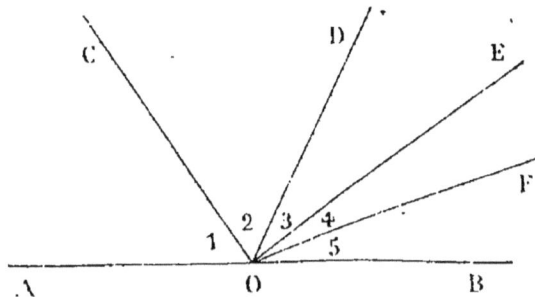

La somme des angles 1, 2, 3, 4, 5 formés d'un même côté de AB par les droites OC, OD, OE, OF vaut deux droits, car ces angles ont même somme que les angles $\widehat{AOD}$, $\widehat{DOB}$ qui sont supplémentaires.

**III.** — *Toutes les directions passant par un même point dans un plan forment des angles adjacents dont la somme vaut quatre droits.*

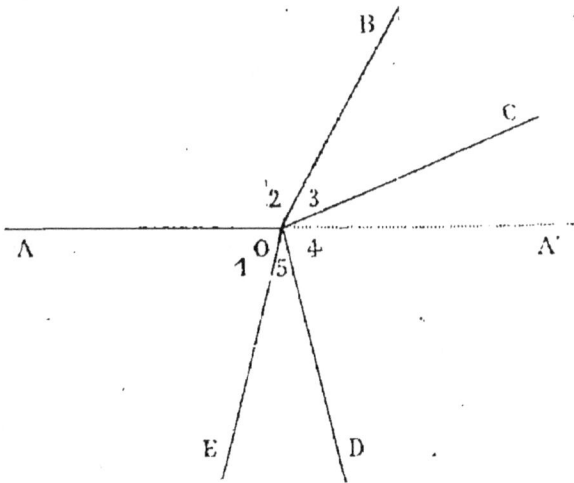

La somme des angles 1, 2, 3, 4, 5 que forment autour du point O les directions OA, OB, OC, OD, OE vaut quatre droits, car en prolongeant OA en OA' les angles précédents auront même somme que les angles $\widehat{AOB}$, $\widehat{BOA'}$, $\widehat{AOE}$, $\widehat{EOA'}$ qui sont deux par deux supplémentaires.

**Définition.** — *Deux angles opposés par le sommet sont tels que les côtés de l'un sont les prolongements des côtés de l'autre au delà du sommet.*

1.

## THÉORÈME III.

*Deux angles opposés par le sommet sont égaux.*

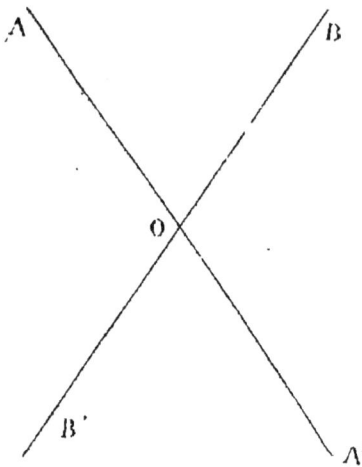

Les angles $\widehat{AOB}$, $\widehat{A'OB'}$ sont égaux, car chacun d'eux a pour supplément le même angle $\widehat{A'OB}$.

**Corollaires. — I. —** *Si deux droites OC, OD forment des angles égaux avec les deux parties OA, OB d'une même direction, et si ces angles sont situés de part et d'autre de AB, les directions OC, OD coïncident.*

Car en prolongeant OC, en OC' les angles $\widehat{AOC'}$, $\widehat{AOD}$

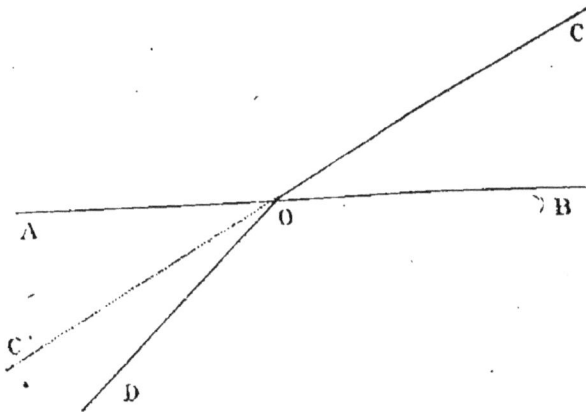

seront égaux à un même angle $\widehat{COB}$.

**II. —** *Les bissectrices* (1) *des quatre angles que for-*

(1) BISSECTRICE, du latin *bis*, deux fois; *secare*, couper.

ment *deux droites qui se rencontrent sont deux à deux
en même direction, et ces deux directions sont rectangulaires.*

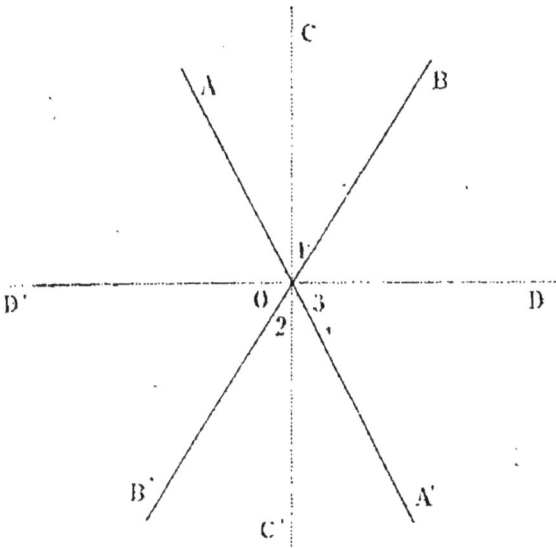

Soit les bissectrices des angles formés par AA' et BB';
OC' est dans le prolongement de OC, car les angles 1 et 2
sont égaux comme moitiés d'angles égaux. L'angle COD est
droit comme moitié de la somme des angles supplémentaires AOB, BOA'.

## § III. — Triangle. — Cas principaux d'égalité des triangles.

**Définitions.** — *Le triangle* (1) *est la portion de plan limitée par trois droites qui se coupent deux à deux.*

Le triangle *Scalène* (2) est celui dont les trois côtés
sont inégaux.

Le triangle *Isocèle* (3) a deux côtés égaux entre eux.

_____

(1) TRIANGLE, du latin *triangulum, tri*, trois fois, *angulus*.
(2) SCALÈNE, du grec σκαληνός (inégal).
(3) ISOCÈLE (pour isoscèle), du grec ἰσοσκέλης (ἴσος, égal,
σκέλος, jambe).

Le triangle *Équilatéral* (1) a ses trois côtés égaux entre eux.

Le triangle *Rectangle* (2) a un angle droit; le côté opposé à cet angle est l'*hypoténuse* (3).

## THÉORÈME IV.

*Chacun des côtés d'un triangle est moindre que la somme des deux autres et plus grand que leur différence.*

Le côté BC, par exemple, est moindre que AB + AC puisque le plus court chemin de B en C est la droite BC.

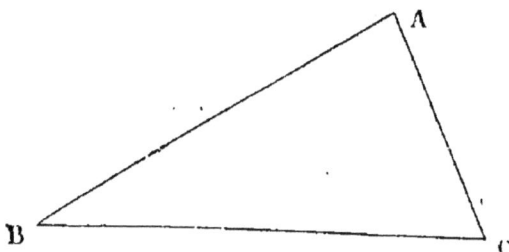

En second lieu, supposons AB>AC afin de pouvoir évaluer la différence entre ces lignes, nous avons :

$$BC + AC > AB.$$
$$\text{Donc } BC > AB - AC.$$

**Corollaire.** — *La somme des distances d'un point D inté-*

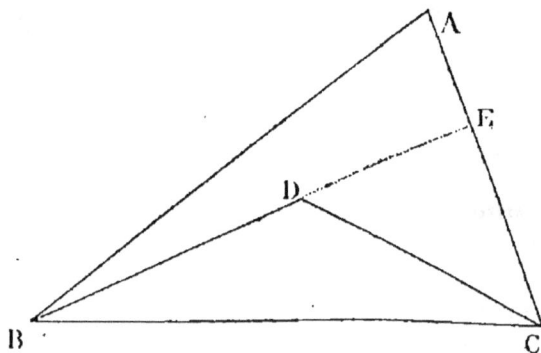

*rieur à un triangle ABC à deux sommets B, C est moindre*

(1) ÉQUILATÉRAL, du latin *æquilateralis*, *æquus latus*.
(2) RECTANGLE, du latin *rectangulus*, *rectus*, droit, *angulus*.
(3) HYPOTÉNUSE, du grec ὑποτείνουσα (ligne sous-tendante).

que la somme des côtés qui aboutissent à ces mêmes sommets.

En effet, on a successivement :

$$BD + DE < BA + AE.$$
$$DC < DE + EC.$$

D'où, en ajoutant membre à membre, et en retranchant des deux membres la même quantité DE :

$$BD + DC < AB + AC.$$

## THÉORÈME V.

*Deux triangles sont égaux lorsqu'ils ont un côté égal adjacent à deux angles égaux chacun à chacun.*

Nous supposons $BC = B'C'$ $\widehat{B} = \widehat{B'}$ et $\widehat{C} = \widehat{C'}$.

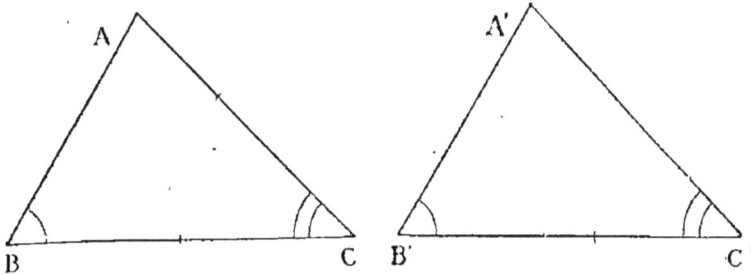

Nous portons A'B'C' sur ABC de telle sorte que B'C' coïncide avec son égal BC, B' et C' coïncidant avec B et C. Il résultera de l'égalité des angles B et B' que B'A' prendra la direction de BA, et pour la même raison C'A' prendra la direction de CA, donc les triangles coïncideront.

**Remarque.** — Dans ces triangles les côtés opposés aux angles égaux sont égaux et réciproquement.

## THÉORÈME VI.

*Deux triangles sont égaux lorsqu'ils ont un angle égal compris entre deux côtés égaux chacun à chacun.*

Même mode de démonstration que dans le théorème V.

## THÉORÈME VII.

*Lorsque deux triangles ont un angle inégal compris entre deux côtés égaux chacun à chacun, les troisièmes côtés sont inégaux : le plus grand côté est opposé au plus grand angle.*

Soit les triangles ABC, A'B'C' tels que $AB = A'B'$, $AC = A'C'$, $\widehat{BAC} > B'A'C'$.

Prouvons que $BC > B'C'$.

Pour cela, portons A'B'C' sur ABC de sorte que A'B' coïncide avec AB et que A'C' soit du même côté de AB que AC : le triangle A'B'C' prendra alors la position ABD, et AD sera compris dans l'angle BAC.

Traçons la bissectrice de l'angle DAC, elle rencontrera BC en E situé entre les points B,C de sorte que $BC = BE + EC$.

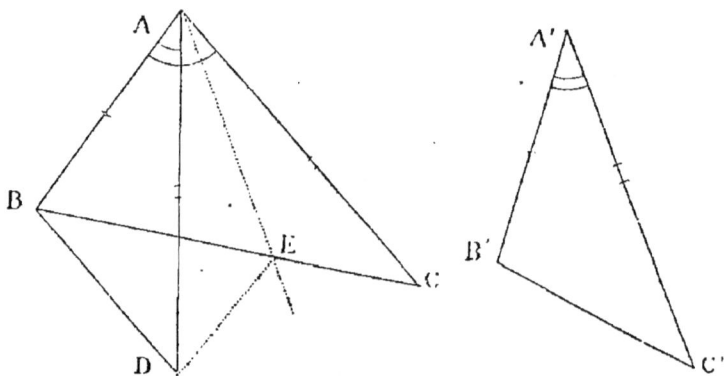

Or les triangles AED, AEC sont égaux parce qu'ils ont un angle égal (par construction) compris entre deux côtés égaux chacun à chacun, donc $ED = EC$, et comme $BD < BE + ED$, on a aussi $BD < BC$.

**Corollaire.** — *Lorsque deux triangles ont deux côtés égaux chacun à chacun et les troisièmes côtés inégaux, les angles opposés à ces troisièmes côtés sont dans le même ordre de grandeur que les côtés.*

## THÉORÈME VIII.

*Deux triangles sont égaux lorsqu'ils ont les trois côtés égaux chacun à chacun.*

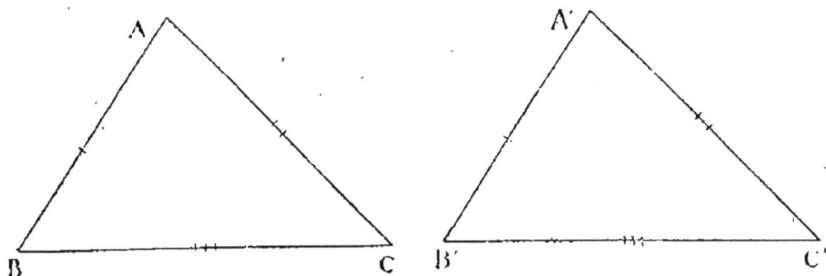

Prouvons pour cela que les angles A et A′, par exemple, sont égaux; les triangles seront égaux d'après le théorème VI. Or A ne peut être ni plus petit ni plus grand que A′, sans quoi d'après le théorème VII, le côté BC serait plus petit ou plus grand que B′C′; donc les angles A et A′ sont égaux.

**Remarque.** — Lorsque deux triangles ont leurs côtés égaux chacun à chacun les angles opposés aux côtés égaux sont égaux.

## THÉORÈME IX.

*Dans un triangle isocèle les angles opposés aux côtés égaux sont égaux.*

Soit en effet AB = AC: joignons A au milieu D de BC; les triangles ABD, ADC seront égaux parce qu'ils ont les trois côtés égaux chacun à chacun; par suite les angles $\widehat{B}$, $\widehat{C}$ opposés au côté commun AD sont égaux.

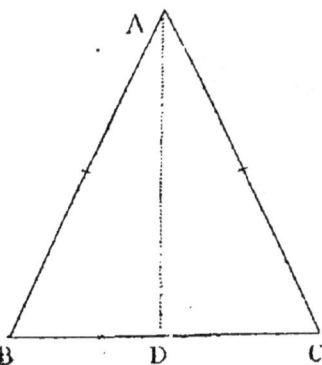

**Remarque.** — Il résulte de cette démonstration les deux propriétés suivantes:

La droite qui joint le sommet d'un triangle isocèle au milieu de la base est perpendiculaire sur cette base, et partage l'angle au sommet en deux parties égales.

**Corollaire.** — *Les angles d'un triangle équilatéral sont
égaux.*

## THÉORÈME X.

*Si dans un triangle deux angles sont égaux, les côtés
opposés à ces angles sont égaux et le triangle est isocèle.*

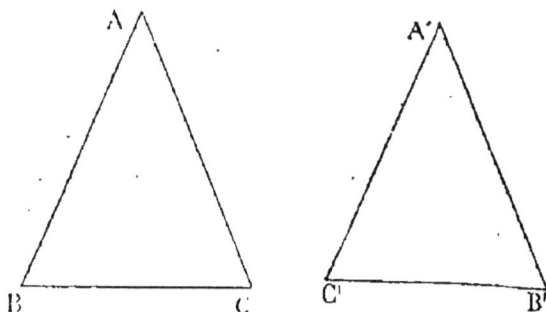

Soit ABC le triangle dans lequel les angles B,C sont
égaux : construisons un triangle A'C'B' égal au premier
mais retourné, et portons-le sur le premier en faisant coïncider C'B' avec son égal BC, de sorte que les points C',B'
coïncident avec les points B,C. — Par suite de l'égalité des
angles, les figures vont coïncider et le côté A'C' qui égalait
AC coïncidera avec AB, donc AB = AC.

**Corollaire.** — *Un triangle équiangle est aussi équilatéral.*

## THÉORÈME XI.

*De deux côtés d'un triangle, le plus grand est opposé au
plus grand angle.*

Soit dans le triangle ABC l'angle B plus grand que l'angle C : traçons BD du même côté de BC que BA, et faisant avec BC un angle égal à C ; par suite de l'hypothèse, BD sera compris dans l'angle ABC, et par suite rencontrera AC en un point D situé en A et C de sorte que AC = AD + DC :

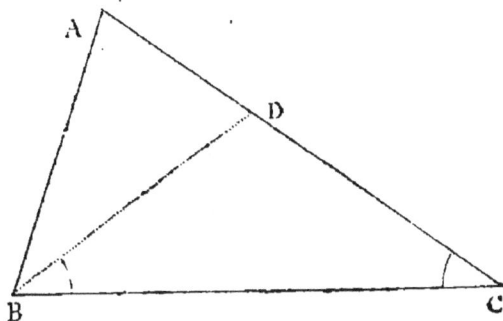

mais à cause du théorème X, DB = DC d'où AB < AD + DB donc AB < AD + DC, ce qu'il fallait prouver.

## § IV. — Principales propriétés des perpendiculaires et des obliques.

### THÉORÈME XII.

*D'un point pris hors d'une droite on peut toujours abaisser une perpendiculaire sur cette droite et une seule.*

Soit le point O et la droite AB : faisons tourner autour de AB la portion du plan qui contient le point O jusqu'à l'amener à coïncider avec l'autre, et soit O' la nouvelle position occupée par le point O : la droite AB est perpendiculaire sur OO', car les angles $\widehat{OCA}$, $\widehat{O'CA}$ coïncident quand le point O est amené en O' par le mouvement précédent. — Il reste à prouver qu'il n'y en a pas d'autre, ce qui revient à montrer que toute perpendiculaire à AB issue du point O doit contenir le point O'. Soit la perpendiculaire ODE,· les angles ODA, ADE sont donc égaux par hypothèse : mais les angles ODA, O'DA sont égaux parce

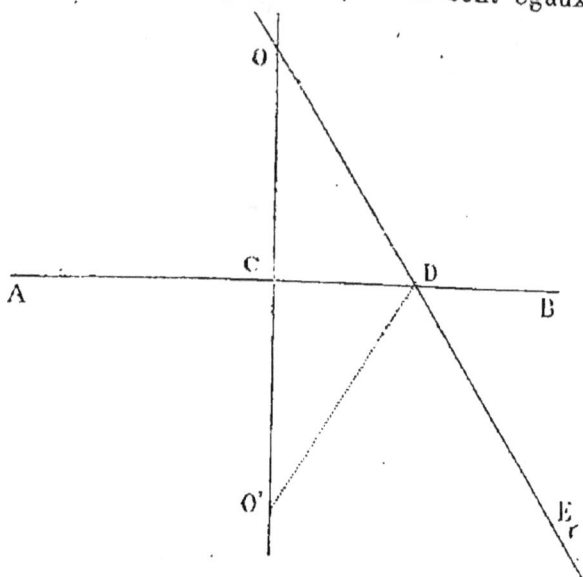

qu'ils coïncident quand O vient en O', donc les angles O'DA, ADE sont égaux, donc O'D coïncide avec DE, c'est-à-dire que ODE passe par le point O'. Comme il n'y a qu'une seule droite passant par les points OO' il n'y a donc aussi qu'une seule perpendiculaire abaissée de O sur AB.

**Définition.** — *On dit que deux points OO' sont symétriques (1) par rapport à une droite AB lorsque AB est perpendiculaire au milieu de la portion de droite OO'.*

### THÉORÈME XIII.

*Si d'un point situé hors d'une droite on mène à cette droite la perpendiculaire et différentes obliques (2) :*

*1° La perpendiculaire est plus courte que toute oblique ;*

*2° Deux obliques qui s'écartent également du pied de la perpendiculaire sont égales ;*

(1) SYMÉTRIQUE, du latin *symetria*, du grec σύν, avec, μέτρον, mesure.
(2) OBLIQUE, du latin *obliquus*, même sens.

3° *De deux obliques qui s'écartent inégalement du pied de la perpendiculaire, la plus longue est celle qui s'en écarte le plus.*

Soit le point O et la droite AB.

1° La perpendiculaire OC est plus courte que l'oblique

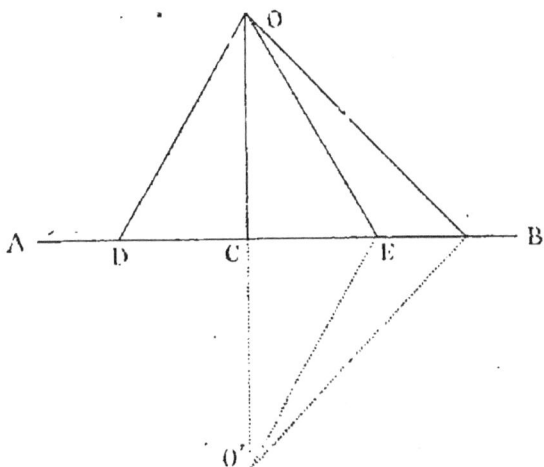

OE, car si nous prenons la position O' occupée par le point O, quand on fait tourner autour de AB la portion de plan qui contient le point O jusqu'à ce qu'elle coïncide avec l'autre, les lignes O'C, O'E seront respectivement égales aux lignes OC, OE: or OO' $<$ OE + EO', donc OC $<$ OE.

2° Les deux obliques OE, OD qui s'écartent également du pied C de la perpendiculaire OC sont égales, car les triangles OCD, OCE sont égaux comme ayant un angle égal compris entre deux côtés égaux chacun à chacun.

3° Des deux obliques OE, OF qui s'écartent inégalement du pied C de la perpendiculaire, la plus longue est OF qui s'écarte le plus du point C.

En effet, les longueurs EO' FO' sont respectivement égales aux longueurs EO, FO); or, nous savons que: OE + EO' $<$ OF + FO', donc OE $<$ OF.

**Définition.** — *La distance* (1) *d'un point à une droite*

(1) DISTANCE, du latin *distantia*, *di* marquant la marche en sens contraire, *stare*, se tenir.

*est la longueur de la perpendiculaire abaissée de ce point
sur cette droite.*

## THÉORÈME XIV.

*Tout point de la perpendiculaire élevée au milieu de la
droite qui joint deux points est à égale distance de ces
deux points ; tout point situé hors de cette perpendiculaire
est à inégale distance de ces deux points.*

Soit la perpendiculaire
CC′ au milieu de la por-
tion de droite AB :

1° Tout point M de cette
droite est à égale distance
des points A,B, car les
obliques MA, MB à AB
s'écartent également du
pied O de la perpendicu-
laire MO;

2° Tout point P situé
hors de CC′ est à inégale
distance des points AB :
pour fixer les idées, supposons le point P situé
dans celle des régions du
plan séparées par CC′ qui
contient le point B; la
droite CC′ rencontrera PA
en un point M situé entre les points P,A, autrement dit on
aura  PA = PM + MA ; mais PB < PM + MB, et comme
MB = MA, il en résulte PB < PA : donc le point P est plus
près de B que de A.

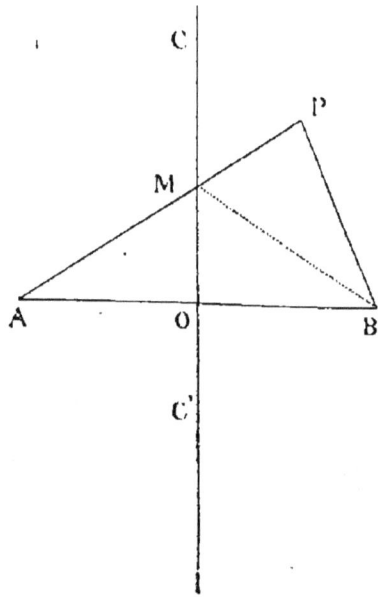

**Définition.** — *On appelle généralement lieu* (1) *géométrique des points d'un plan qui ont une propriété déterminée
une ligne dont tous les points ont cette propriété et telle*

_____

(1) LIEU, du latin *locus*, même sens.

*que tout point situé hors de cette ligne ne jouisse pas de cette propriété.*

A l'aide de cette définition, le théorème XIV peut donc s'énoncer ainsi: *Le lieu géométrique des points d'un plan également éloignés de deux points de ce plan est la perpendiculaire élevée au milieu de la droite qui joint ces deux points.*

**Application.** — *Les perpendiculaires élévées au milieu des côtés d'un triangle sont concourantes.*

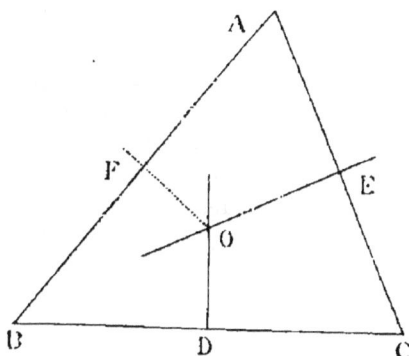

Soient les perpendiculaires OD, OE, au milieu D, E des côtés BC, AC; le point de rencontre O de ces lignes est à égale distance des sommets B, C et des sommets C, A, dont il est à égale distance des sommets B, A; il appartient donc au lieu géométrique des points situés à égale distance des points A, B, c'est-à-dire à la perpendiculaire élevée au milieu F de AB. — Les trois perpendiculaires sont donc concourantes.

## § V. — Cas d'égalité des triangles rectangles.

Les triangles rectangles sont égaux dans les trois cas qui font l'objet des théorèmes V, VI, VIII ; mais ils ont des propriétés particulières qui permettent d'établir des cas d'égalité qui leur sont propres.

## THÉORÈME XV.

*Deux triangles rectangles sont égaux lorsqu'ils ont l'hypoténuse égale à un angle adjacent égal.*

Soit les triangles rectangles ABC, A'B'C' dans lesquels

on a BC=B'C' et les angles B et B' égaux. Portons le triangle

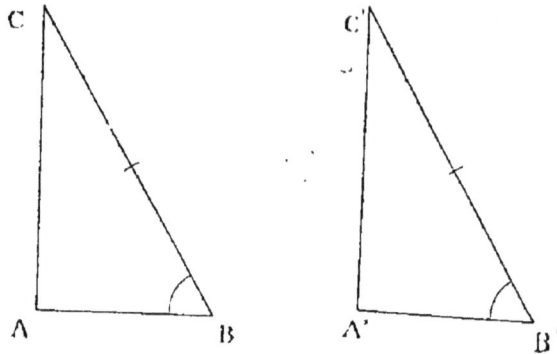

A'B'C' sur ABC, de sorte que B'C' coïncide avec son égal BC les points B', C' coïncidant avec les points B, C : par suite de l'égalité des angles B, B', le côté B'A' prendra la direction du côté BA ; alors les lignes C'A', CA seront des perpendiculaires sur AB toutes deux issues du point C, donc elles coïncideront. — Les triangles sont donc égaux.

## THÉORÈME XVI.

*Deux triangles rectangles sont égaux lorsqu'ils ont l'hypoténuse égale et un côté de l'angle droit égal.*

Soit les triangles rectangles ABC, A'B'C' dans lesquels

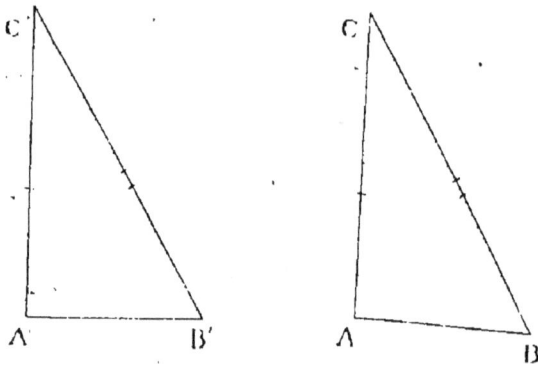

BC=B'C' et AC=A'C'. Nous portons A'B'C' sur ABC, de manière que A'C' coïncide avec son égal AC, les points A', C' coïncidant avec les points A, C : les perpendiculaires A'B', AB à la même droite AC prendront la même direction, et les

obliques C'B', CB à AB issues du même point C, étant
égales, seront également éloignées du pied A de la perpendiculaire et par suite coïncideront.

## PROBLÈME.

*Quel est le lieu géométrique des points d'un plan égale-
ment distants des deux côtés d'un angle tracé dans ce plan.*

Sur l'angle XOY dont les côtés prolongés indéfiniment

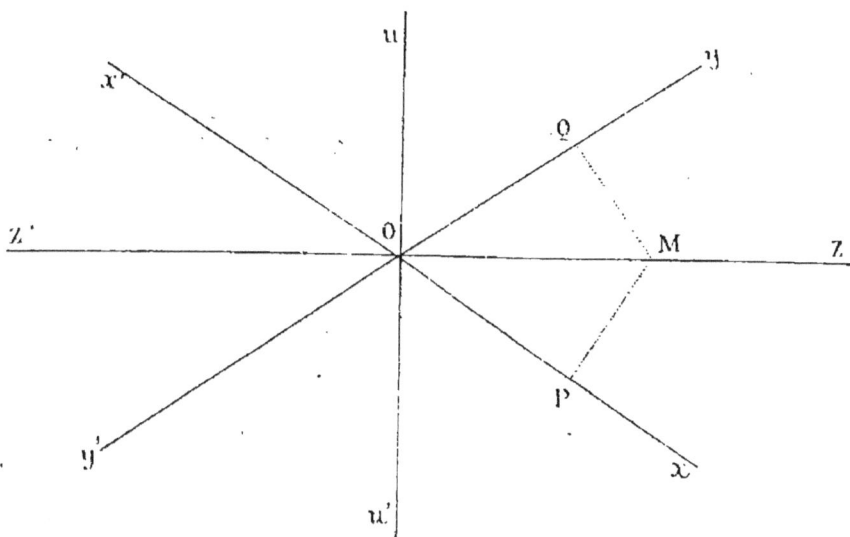

partagent le plan en quatre régions : considérons les points
du lieu situés dans la région XOY. M étant l'un quelconque des points du lieu, les distances MP, MQ sont égales et par suite les triangles MPO, MQO rectangles sont
égaux, car ils ont l'hypoténuse commune et un côté de
l'angle droit égal : par suite, le point M est sur la bissectrice OZ de l'angle XOY. D'ailleurs, tout point de cette bissectrice est un point de lieu ; soit M par exemple : les triangles MPO, MQO seront égaux parce qu'ils sont rectangles
et qu'ils ont l'hypoténuse commune et un angle adjacent
égal, donc MP=MQ. Donc, dans la région XOY, le lieu géométrique est la portion de droite OZ. Nous raisonnerons de
même pour chacune des trois autres régions ; par suite :
*Le lieu géométrique des points d'un plan situé à égale*

distance de deux droites de ce plan qui se coupent, se compose de deux droites indéfinies rectangulaires qui sont les bissectrices des quatre angles formés par ces droites.

**Application.** — Les bissectrices des angles intérieurs d'un triangle sont concourantes.

Traçons les bissectrices de deux angles intérieurs : soit AO, BO; le point de rencontre O de ces lignes sera à égale distance des côtés AB, AC et aussi des côtés BA, BC,

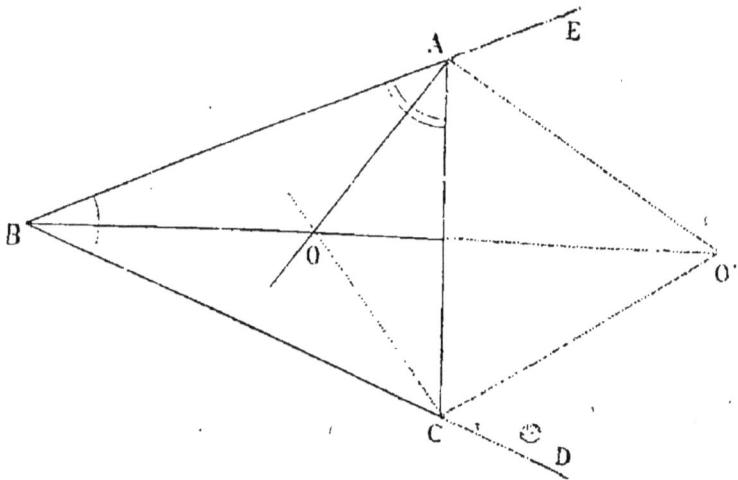

donc il est à égale distance des côtés CA, CB, et comme il est intérieur à l'angle C, il est situé sur la bissectrice de l'angle ACB. Les trois bissectrices passent donc par un même point.

**Remarques. — I.** — On démontrerait de la même façon que les bissectrices des angles extérieurs ACD, CAE vont concourir sur la bissectrice de l'angle intérieur ABC.

**II.** — En considérant les trois bissectrices des angles intérieurs et les trois bissectrices des angles extérieurs, nous obtenons 4 points de contours de ces droites : chacun de ces points est à égale distance des trois côtés du triangle, et il n'y a pas d'autre point dans le plan qui ait cette propriété.

## § VI. — Théorie des parallèles.

**Définition**. — *Deux droites sont parallèles* (1) *lorsque étant dans le même plan, elles ne se rencontrent pas.*

## THÉORÈME XVII.

*Deux droites perpendiculaires à une troisième sont parallèles.*

Les perpendiculaires CD, EF à AB ne peuvent se ren-

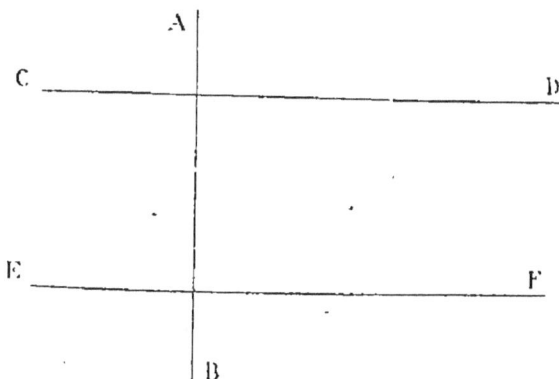

contrer sans coïncider, puisque d'un point, on ne peut mener qu'une seule perpendiculaire à AB.

## THÉORÈME XVIII.

*D'un point situé hors d'une droite, on peut toujours mener une parallèle à cette droite.*

Du point O extérieur à AB, abaissons la perpendiculaire

(1) PARALLÈLE, du grec παράλληλος, παρά, le long de; ἀλλήλων (génitif), les uns les autres, l'un l'autre.

OC à cette ligne, puis élevons la perpendiculaire DE au

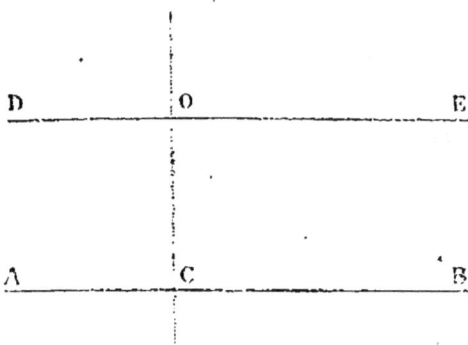

point O de OC; les lignes DE, AB seront parallèles comme perpendiculaires à OC.

### Axiome II.

*D'un point situé hors d'une droite, on ne peut mener qu'une seule parallèle à cette droite.*

Nous admettons cette propriété qui peut encore s'énoncer ainsi :

Si deux droites sont parallèles, toute direction du plan de ces droites qui rencontre l'une rencontre aussi l'autre.

### THÉORÈME XIX.

*Deux droites parallèles à une troisième sont parallèles entre elles.*

Les droites Y et Z respectivement parallèles à X, ne peu-

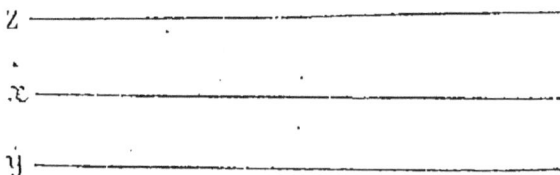

vent se rencontrer sans coïncider, puisque du point commun, on ne peut mener qu'une seule parallèle à X.

## THÉORÈME XX.

*Quand deux droites sont parallèles, toute perpendiculaire à l'une l'est aussi à l'autre.*

Soit AB perpendiculaire sur X, je dis qu'elle l'est aussi

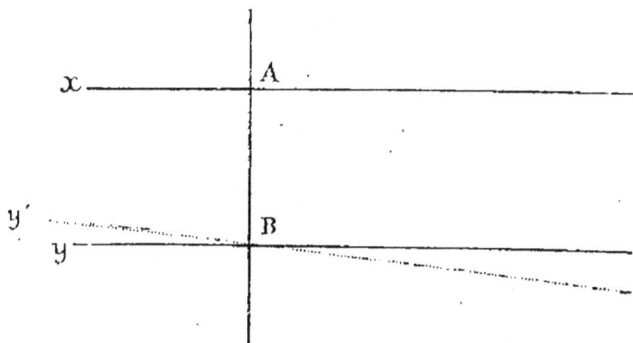

sur toute parallèle Y à X; menons en effet la perpendiculaire Y' au point B et AB : elle sera parallèle à X, et par suite se confondra avec Y, puisqu'il n'y a qu'une seule parallèle à X passant par le point B.

**Définition.** — *Lorsque deux droites X, Y sont rencontrées par une sécante Z, huit angles se trouvent formés :*

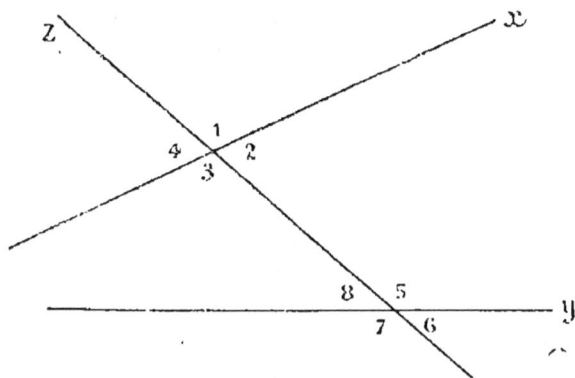

Les angles 2, 8 sont dits *alternes internes*, ainsi que les angles 3, 5.

Les angles 1, 7 sont dits *alternes externes*, ainsi que les angles 4, 6.

Les angles 1, 5 sont dits *correspondants*, ainsi que les angles 4,8, puis 2,5, puis 3,7.

Les angles 2,5 sont dits *internes du même côté de la sécante*, ainsi que les angles 3,8.

Les angles 1,6 sont dits *externes du même côté de la sécante*, ainsi que les angles 4,7.

## THÉORÈME XXI.

*Quand deux droites parallèles sont rencontrées par une sécante :*

1° *Les angles alternes internes sont égaux ;*

2° *Les angles alternes externes sont égaux ;*

3° *Les angles correspondants sont égaux ;*

4° *Les angles internes du même côté de la sécante sont supplémentaires ;*

5° *Les angles externes du même côté de la sécante sont supplémentaires ;*

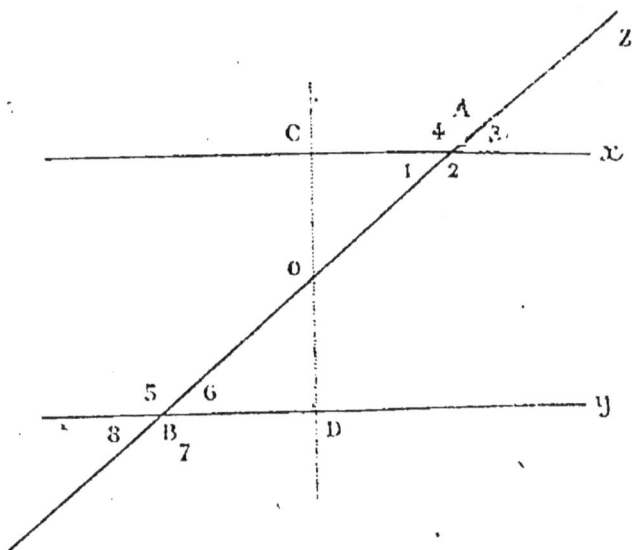

Soit les parallèles X, Y rencontrées par la sécante Z.

1° Les angles alternes internes 1,6 sont égaux.

En effet, abaissons du milieu O et AB la perpendiculaire sur X, elle sera perpendiculaire sur Y et les triangles rectangles AOC, BOD seront égaux parce qu'ils ont l'hypoténuse égale à un angle adjacent égal $(\widehat{BOD}=\widehat{AOC})$ dont les angles 1,6 sont égaux. Par suite, les angles 2,5 sont aussi égaux comme suppléments des angles 1,6.

2° Les angles alternes externes 3,8 respectivement égaux aux angles 1,6 sont égaux : il en est de même des angles 4,7.

3° Les angles correspondants 1,8 sont égaux entre eux, puisqu'ils sont égaux à l'angle 6. De même, les angles 2,7 sont égaux, ainsi que les angles 4,5 et les angles 3,6.

4° Les angles internes du même côté de la sécante 2,6 sont supplémentaires, car l'angle 6 égale l'angle 1 supplémentaire de 2. Il en est de même des angles 1,5.

5° Les angles externes du même côté de la sécante 3,7 sont supplémentaires, puisque l'angle 7 égale l'angle 4 supplémentaire de 3. Il en est de même des angles 4,8.

## THÉORÈME RÉCIPROQUE.

*Deux droites rencontrées par une troisième sont parallèles si elles forment avec cette troisième :*

1° *Des angles alternes internes égaux ;*

Ou 2° *des angles alternes externes égaux ;*

Ou 3° *des angles correspondants égaux ;*

Ou 4° *des angles internes du même côté de la sécante supplémentaires ;*

Ou 5° *des angles externes du même côté de la sécante supplémentaires.*

La méthode pour démontrer les cinq parties de la réciproque étant la même, nous allons l'indiquer sur un des cinq cas.

Soit les deux droites X,Y rencontrées par Z qui forment les angles alternes internes 1,2 égaux : traçons par B la parallèle Y' à X, elle formera l'angle Y'BA égal à l'angle

2.

1 d'après le 1° du Théorème XXI; donc les angles 2 et

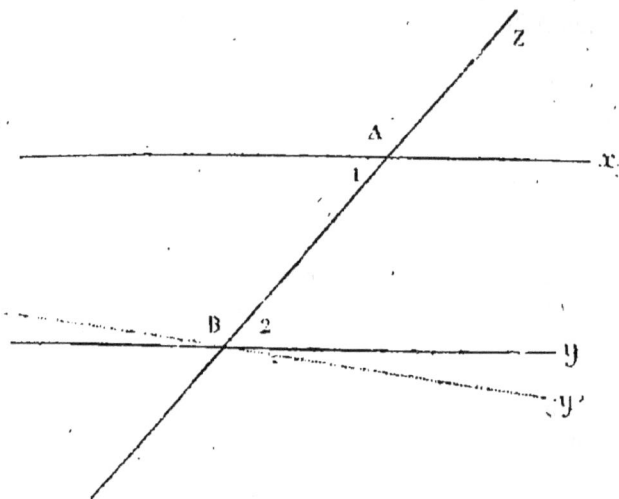

Y'BA étant égaux, les directions Y' et Y coïncident, donc Y est parallèle à X.

## THÉORÈME XXII.

*Deux angles à côtés respectivement parallèles sont égaux ou supplémentaires.*

Soit l'angle XOY dont les côtés sont respectivement parallèles aux côtés de l'angle X'O'Y'.

Deux cas sont à distinguer :

1° Les côtés des angles sont deux à deux dirigés en même sens ou en sens contraire, alors les angles sont égaux.

C'est le cas des angles 1,5 et aussi des angles 2,5.

2° Deux côtés vont dans le même sens, les deux autres se dirigeant en sens contraire, alors les angles sont supplémentaires.

Tels sont les angles 3,5 et aussi les angles 4,5.

Pour le prouver, considérons l'angle 6, formé par Y' avec X

d'après le 3° du Théorème XXI les angles 1,6 sont égaux,
ainsi que les angles 6,5, donc les angles 1,5 sont égaux, il

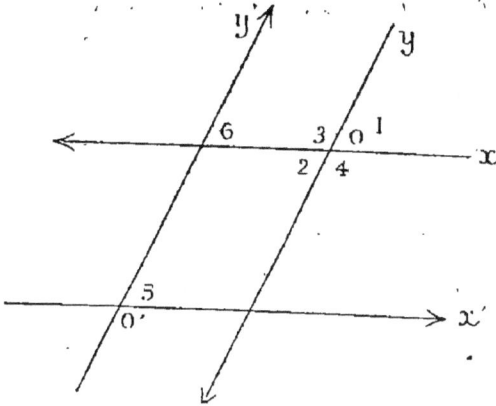

en est de même des angles 2,5 ; tandis que les angles 3,5
sont supplémentaires, puisque 5 égale le supplément 1
de 3 ; — de même pour les angles 4,5.

## THÉORÈME XXIII.

*Deux angles à côtés respectivement perpendiculaires sont
égaux ou supplémentaires.*

Ils sont égaux s'ils sont tous deux aigus ou tous deux

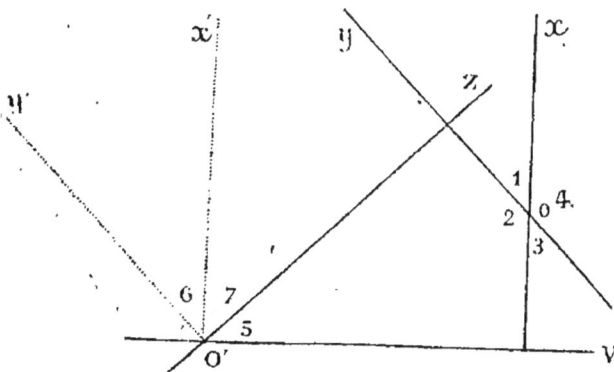

obtus ; ils sont supplémentaires quand l'un est aigu et l'autre obtus.

Démontrons que les angles 1,5 tous deux aigus dont les côtés sont respectivement perpendiculaires sont égaux. Pour cela, menons les droites OX', OY' respectivement parallèles aux droites OX, OY et de même sens que ces lignes : nous formerons l'angle 6 égal à l'angle 1 (Théorème XXII) : mais O'V perpendiculaire sur OX l'est aussi sur O'X', de même O'Y' est perpendiculaire sur O'Z' donc les angles 5 et 6, ayant même complément 7, sont égaux, donc les angles 5 et 1 sont égaux. — Il en résulte que les angles 4 et 5 sont supplémentaires.

## THÉORÈME XXIV.

*La somme des angles d'un triangle vaut deux angles droits.*

Soit le triangle ABC : traçons par le sommet C la paral-

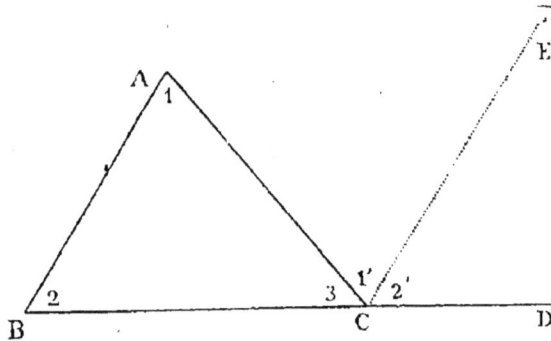

lèle CE au côté opposé, nous formerons les angles 1'2' respectivement égaux aux angles 1 2 (Théorème XXI), or la somme des angles adjacents 3 1'2' formés d'un même côté d'une droite vaut deux droits, donc la somme des trois angles 1, 2, 3, vaut aussi deux droits.

**Corollaires. — I.** — Chacun des angles d'un triangle étant supplémentaire de la somme des deux autres, *si deux triangles ont deux angles égaux chacun à chacun, les troisièmes angles sont égaux.*

**II.** — En appelant *angle extérieur* d'un triangle, l'angle formé par un côté et le prolongement d'un autre côté, tel que l'angle ACD, on voit que *chaque angle extérieur à un triangle vaut la somme des deux angles intérieurs non adjacents.*

**III.** — *Un triangle ne peut avoir qu'un seul angle obtus, et aussi qu'un seul angle droit.*

*Les angles adjacents à l'hypoténuse d'un triangle rectangle sont aigus et complémentaires.*

**IV.** — *Un triangle équilatéral étant équiangle chacun des angles vaut le tiers de deux droits ou les deux tiers d'un angle droit.*

**Définition.** — *Un polygone* (1) *est une portion de plan limitée par une ligne brisée fermée.*

*Les polygones de 3, 4, 5, 6 côtés, s'appellent: triangle, quadrilatère* (2)*, pentagone* (3)*, hexagone* (4)*.*

*Un polygone* (5) *est dit convexe, quand il est entièrement situé d'un même côté de la direction de l'un quelconque de ses côtés ; dans le cas contraire il est dit concave* (6)*.*

*Une diagonale* (7) *d'un polygone est la droite qui joint deux sommets non consécutifs.*


## THÉORÈME XXV.

*La somme des angles intérieurs d'un polygone convexe vaut autant de fois deux angles droits qu'il y a de côtés moins deux.*

Traçons en effet la diagonale issue du sommet A dans

(1) POLYGONE, du grec πολύγωνος (à plusieurs angles), γωνία, coin, angle.
(2) QUADRILATÈRE, du latin *quadrilaterus* (*quadri*, préfix, quatre fois).
(3) PENTAGONE, du grec πεντάγωνος (qui a cinq angles, πέντε, cinq, γωνία.
(4) HEXAGONE, du latin *hexagonus*, du grec ἕξ, six, γωνία.
(5) CONVEXE, du latin *convexus*, bombé.
(6) CONCAVE, du latin *concavus*, creux.
(7) DIAGONALE, du latin *diagonalis*, du grec διά, au travers, γωνία, coin.

le polygone convexe ABCDEF : nous le décomposerons en

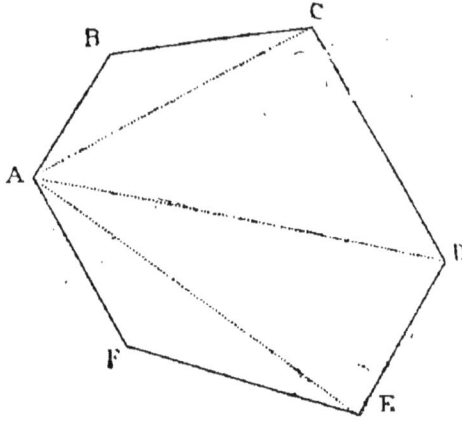

autant de triangles qu'il y a de côtés moins deux. [Le polygone étant convexe, la somme des angles intérieurs du polygone est la même que la somme des angles de ces triangles et comme dans chaque triangle la somme des angles vaut deux droits, la somme des angles intérieurs vaudra autant de fois deux droits qu'il y a de côtés moins deux.

**Corollaire.** — *La somme des angles d'un quadrilatère convexe vaut quatre droits.*

## § 7. — Parallélogrammes.

**Définitions.** — *Le trapèze (1) est un quadrilatère dont deux côtés sont parallèles; ces côtés sont les bases du trapèze.*

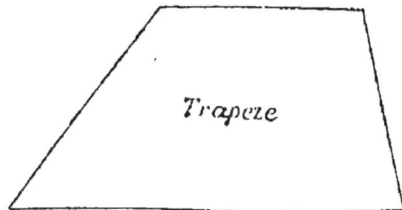

*Trapèze*

(1) TRAPÈZE, du grec τράπεζα (table, surface plane).

*Parallélogramme*

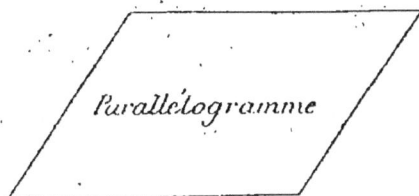

Le parallélogramme (1) est un quadrilatère dont les côtés sont deux à deux parallèles.

Le rectangle (2) est un parallélogramme dont les angles sont droits.

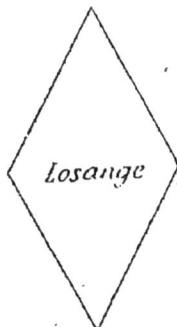

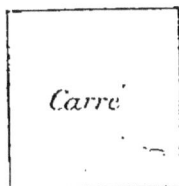

*Losange*

*Rectangle*

*Carré*

Le carré (3) est un rectangle dont les côtés sont égaux.

Le losange (4) est un quadrilatère dont les quatre côté sont égaux.

## THÉORÈME XXVI.

Dans un parallélogramme :

1° Les angles opposés sont égaux.

2° Les côtés opposés sont égaux.

3° Le point de concours des diagonales est le milieu de chacune d'elles.

Soit le parallélogramme ABCD :

1° Les angles opposés B et D sont égaux parce qu'ils ont leurs côtés parallèles et dirigés en sens contraire;

2° Les côtés opposés AB, DC sont égaux ; en effet, tra-

(1) PARALLÉLOGRAMME, du grec παραλληλό γραμμόν (παράλλήλων-γραμμή, ligne).

(2) RECTANGLE, du latin *rectangulus*, *rectus*, droit, angulus.

(3) CARRÉ, du latin *quadratus*, même sens.

(4) LOSANGE, origine inconnue, dit Brachet.

çons la diagonale AC, elle décompose le parallélogramme en deux triangles égaux parce qu'ils ont un côté égal adja-

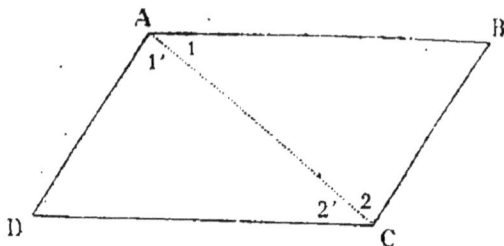

cent à deux angles égaux chacun à chacun, les angles 1 et 2 sont respectivement égaux aux angles 1′2′ (Th. XXI); — donc les côtés AB, DC sont égaux, ainsi que les côtés AD, BC;

3° Le point O de rencontre des diagonales est le milieu

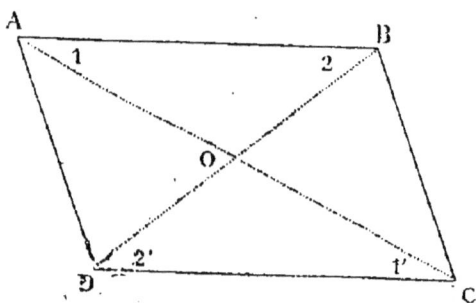

de chacune d'elles; en effet les triangles AOB, DOC sont égaux parce qu'ils ont un côté égal adjacent à deux angles égaux chacun à chacun: AB = DC, nous venons de le prouver, les angles 1, 2 sont respectivement égaux aux angles 1′2′ (Th. XXI): donc, dans les triangles égaux OB = OD, et aussi OA = OC.

**Corollaires. — I. —** *Les portions de parallèles comprises entre parallèles sont égales.*

**II. —** *Deux droites parallèles sont partout également distantes.*

## THÉORÈME XXVII.

*Réciproquement il suffit pour qu'un quadrilatère soit un parallélogramme :*

1º *Que les angles opposés soient égaux;*
2º *Ou que les côtés opposés soient égaux;*
3º *Ou que deux côtés opposés soient égaux et parallèles;*
4º *Ou que les diagonales se coupent en leur milieu.*

Soit le quadrilatère ABCD :

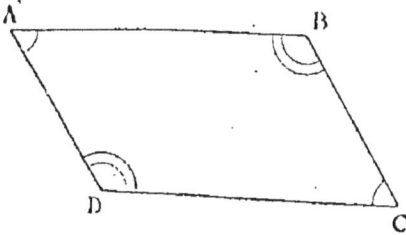

1º Les angles opposés étant égaux, leur demi-somme égale $\widehat{A} + \widehat{D}$; mais la somme des quatre angles vaut quatre droits, donc $\widehat{A} + \widehat{B} = 2$ droits; or ces angles occupent la position d'internes du même côté de la sécante par rapport aux droites AB, CD rencontrées par AD, donc ces angles étant supplémentaires les droites AB, CD sont parallèles (Réciproque du théorème XXI).

On prouverait de même le parallélisme des côtés AD, BC.

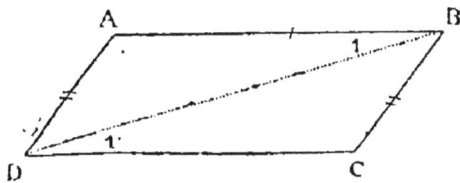

2º Les côtés opposés étant égaux, les triangles ABD, BCD sont égaux parce qu'ils ont les trois côtés égaux chacun à chacun.—Les angles 1, 1' sont donc égaux; or ces angles occupent la position d'alternes internes par rapport aux droites AB, CD rencontrées par BD, donc ces droites sont parallèles (Réciproque du théorème XXI). On démontrerait de même le parallélisme des côtés AD, BC.

3

3° Supposons les deux côtés opposés AB, CD égaux et
parallèles : les triangles ABD, BCD seront égaux comme
ayant un angle égal compris entre deux côtés égaux chacun à chacun, car les angles 1, 1' occupant la position d'alternes internes par rapport aux parallèles AB, CD rencon-

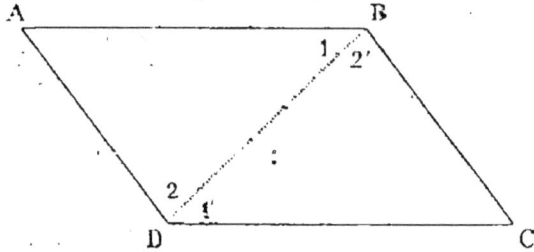

trés par BD sont égaux (théorème XXI). Donc les angles
2, 2' sont égaux, et comme ces angles occupent la position
d'alternes internes par rapport aux droites AD, BC rencontrées par BD ces droites sont parallèles (Réciproque du
théorème XXI).

4° Supposons que le point O de rencontre des diagonales du
quadrilatère ABCD soit le milieu de chacune d'elles ; les
triangles OAB, OCD seront égaux comme ayant un angle
égal compris entre deux côtés égaux chacun à chacun ; les

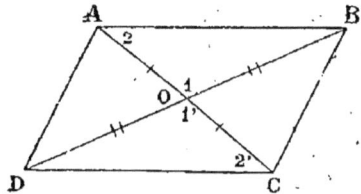

angles 1, 1' sont en effet
égaux comme opposés par
le sommet. Donc les an-
gles 2, 2' sont égaux et
comme ils occupent la po-
sition d'alternes internes
par rapport aux droites
AB, CD rencontrées par AC, ces droites sont parallèles
(Réciproque du théorème XXI). On démontrerait de la
même façon le parallélisme des côtés AD, BC.

**Corollaire.** — *Le losange est un parallélogramme.*

## THÉORÈME XXVIII.

*Les diagonales d'un rectangle sont égales et réciproquement si les diagonales d'un parallélogramme sont égales, c'est un rectangle.*

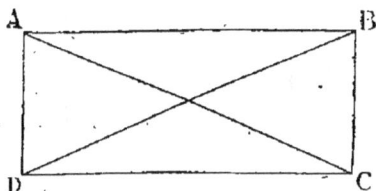

La première partie est évidente, car dans le rectangle ABCD, les triangles ADC, DBC sont égaux comme ayant un angle égal compris entre côtés égaux chacun à chacun.

Soit en second lieu le parallélogramme ABCD dans lequel

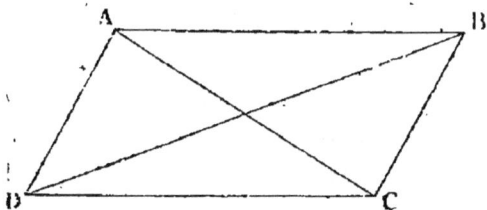

les diagonales sont égales : les triangles ADC, BCD seront égaux parce qu'ils ont les trois côtés égaux chacun à chacun ; donc les angles ADC, BCD sont égaux, mais ces angles sont aussi supplémentaires, parce qu'ils occupent la position d'internes du même côté de la sécante par rapport aux parallèles AD, BC rencontrées par DC, donc chacun d'eux est droit.

**Corollaire.** — *Le milieu de l'hypoténuse d'un triangle rectangle est à égale distance des trois sommets.*

## THÉORÈME XXIX.

*Les diagonales d'un losange sont rectangulaires et réci-
proquement : si les diagonales d'un parallélogramme sont
rectangulaires, c'est un losange.*

En premier lieu BD est perpendiculaire au milieu de AC,
puisqu'elle contient deux points B, D tels que chacun est à
égale distance des points A,C.

En second lieu, si dans le parallélogramme ABCD les
diagonales sont rectangulaires, puisque O est le milieu de

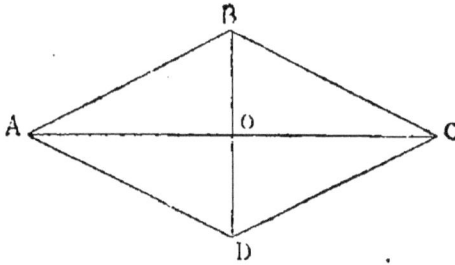

AC, chacun des points B,D est à égale distance des points
A,C, donc les quatre côtés sont égaux, puisque deux côtés
consécutifs sont égaux ainsi que les côtés opposés.

**Corollaire.** — *Les diagonales d'un carré se coupent en
parties égales, sont égales et rectangulaires.*

**Applications.**— I.—*Les hauteurs d'un triangle sont concourantes.*

Soit ABC un triangle, menons par chaque sommet la parallèle au côté opposé, nous formerons un second triangle
KGH dont les côtés auront pour milieux les sommets du premier, car par exemple AG et AK sont tous deux égaux à BC

comme portions de parallèles comprises entre parallèles :
donc les hauteurs du triangle ABC seront les perpendicu-

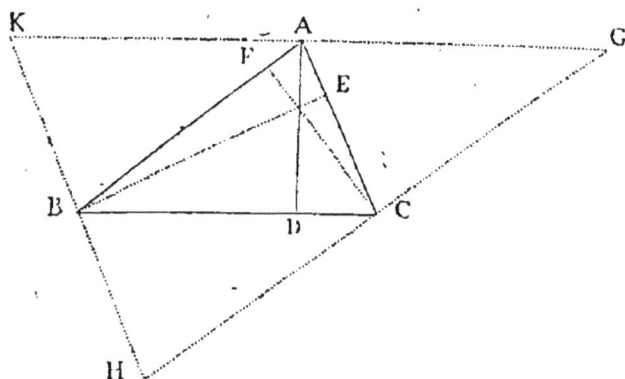

lâires élevées au milieu des côtés du triangle KGH, elles
sont donc concourantes. (Application du théorème XIV.)

**II.**—*La droite qui joint les milieux des deux côtés d'un
triangle est parallèle au troisième côté et vaut la moitié de
ce côté.*

Il nous suffit de prouver que la parallèle DE à BC menée

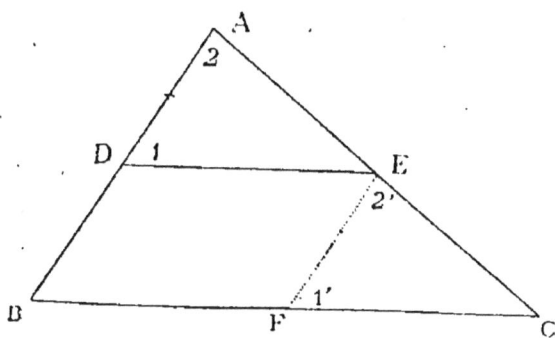

par le milieu D de AB passe par le milieu de AC, et que la
portion DE de cette ligne vaut la moitié de BC, —Pour cela

menons EF parallèle à AB, les triangles ADE, EFC seront
égaux comme ayant un côté égal adjacent à deux angles
égaux chacun à chacun ; en effet, EF=BD et BD=AD;
puis les angles 1, 1' ont leurs côtés respectivement parallèles et de même sens, ainsi que les angles 2, 2 ':

Donc 1° EC=AE et 2° FC=DE, mais DE=BF donc DE
vaut la moitié de BC.

**III.** — *Les médianes (1) d'un triangle sont concourantes.*

Il nous suffit de prouver que l'une des médianes BD est
partagée par chacune des deux autres au tiers de BD à partir du point D.

Soit CE une se-
conde médiane :
prenons les milieux
F, H des portions
GB, GC, les droi-
tes ED, FH sont
toutes deux paral-
lèles à BC, et cha-
cune vaut la moi-

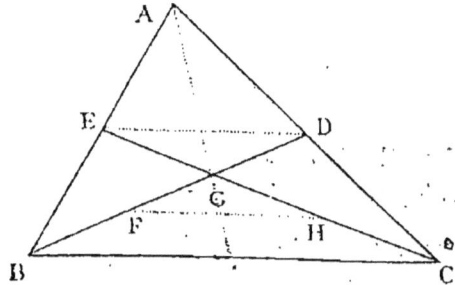

tié de BC, donc la figure EDHF est un parallélogramme
(Théorème XXVII, 3°) et par suite le point G est le milieu
de DF; donc DG vaut le tiers de DB.

La troisième médiane passera donc aussi par le point
G qui s'appelle le *centre de gravité* du triangle ABC.

(1) MÉDIANE, du latin *medius*, qui est au milieu.

# REVISION DU LIVRE II.

## § I. — Circonférence.

**Définition.** — On appelle *circonférence* (1) le lieu géométrique des points d'un plan situés à la même distance d'un point de ce plan. — Ce point est le *centre* (2) de la circonférence, et la distance constante du centre à tout point de la circonférence est le *rayon* de cette circonférence.

Le *cercle* (3) est la portion du plan limitée par la circonférence.

Un *arc* (4) est une portion de circonférence : la droite qui joint les extrémités d'un arc s'appelle la *corde* de cet arc.

Le *diamètre* (5) est une corde qui passe par le centre.

Tous les diamètres sont égaux puisque chacun est double du rayon.

La circonférence est une courbe fermée, puisque sur chaque direction qui passe par son centre se trouvent deux points de la courbe, situés de part et d'autre du centre, et rien que deux.

D'ailleurs cette courbe ne peut être rencontrée par une droite en plus de deux points, car d'un point on ne peut mener plus de deux obliques égales à une droite donnée. Une circonférence partage le plan en deux régions : l'une intérieure comprend tous les points du plan situés à une distance du centre moindre que le rayon : c'est le contraire pour la région extérieure.

(1) CIRCONFÉRENCE, du latin *circumferentia*, *circumfero*, je porte tout autour.

(2) CENTRE, du latin *centrum*, même sens, χέντρον, aiguillon centre.

(3) CERCLE, du latin *circulus*, même sens.

(4) ARC, du latin *arcus*, même sens.

(5) DIAMÈTRE, du grec διάμετρος; διά, au travers, μέτρον, mesure.

## THÉORÈME I.

*La plus grande corde d'une circonférence est le diamè-
tre.*

La corde AB est moindre que le diamètre AOC, car elle

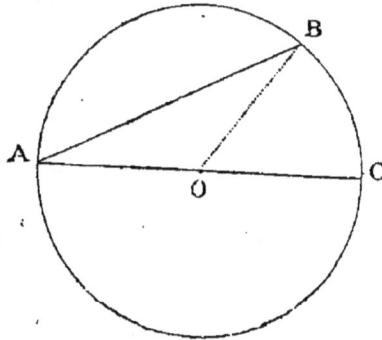

est moindre que la ligne brisée AOB qui égale le diamètre.

## THÉORÈME II.

*La circonférence est partagée en parties égales par l'un
quelconque de ses diamètres.*

Supposons en effet que l'on replie la figure autour de
AOB jusqu'à ce que la por-
tion du plan qui contient le
point C vienne s'appliquer
sur l'autre ; les deux arcs
sous-tendus par AB s'ap-
pliqueront l'un sur l'autre
parce qu'ils ont mêmes extrémités et que la distance
du centre O aux divers
points de ces arcs étant
égale, un point de l'arc
ACB ne peut se placer
hors de l'arc ADB.

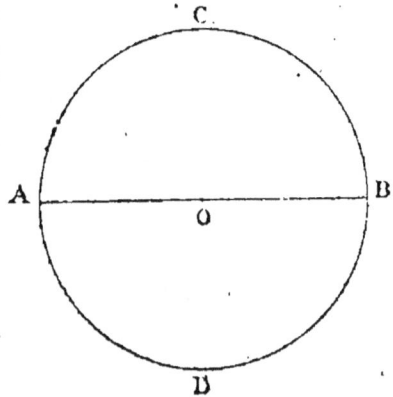

## THÉORÈME III.

*Il y a toujours une circonférence et une seule passant par trois points non situés en ligne droite.*

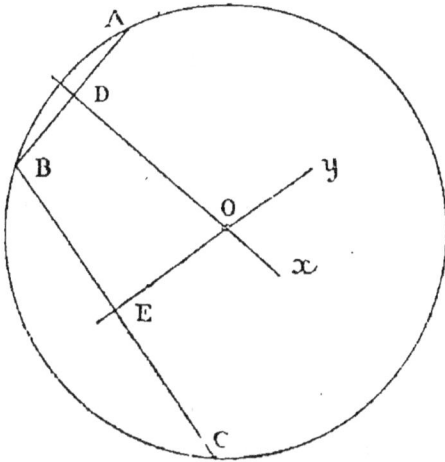

Nous commençons par remarquer que le lieu géométrique des centres des circonférences passant par deux points est le même que le lieu des points tels que chacun est situé à égale distance de ces deux points ; ce lieu est donc la perpendiculaire élevée au milieu de la droite qui joint ces deux points. Donc toute circonférence passant par chacun des points A, B, C aura son centre à la fois sur la perpendiculaire X au milieu D de AB, et sur la perpendiculaire Y au milieu E de BC : Or les droites X et Y se rencontrent, parce que les points A, B, C ne sont pas en ligne droite, et elles n'ont qu'un seul point commun, donc il n'y a qu'un centre O et comme d'ailleurs le rayon a pour longueur OA, il n'y a qu'une seule circonférence passant par les points A, B, C.

**Remarque.** — Le centre de la circonférence passant par trois points est précisément le point de concours des perpendiculaires élevées au milieu des côtés du triangle qui a pour sommets ces trois points. Cette circonférence est dite *circonscrite* (1) au triangle.

(1) CIRCONSCRIT, du latin *scribere*, *circum*, tout autour.

3

§ II. — Intersection (1) et contact de deux circonférences.

**Définition.** — *On dit que deux circonférences sont tangentes (2) lorsqu'elles n'ont qu'un seul point commun; ce point s'appelle le point de contact (3) des deux courbes.*

## THÉORÈME IV.

*Deux circonférences ne peuvent avoir plus de deux points communs.*

Car deux circonférences coïncident lorsqu'elles ont trois points communs, puisque par trois points il ne passe qu'une seule circonférence.

## THÉORÈME V.

*Quand deux circonférences ont un point commun hors de la ligne des centres, elles ont aussi en commun le point symétrique du premier par rapport à la ligne des centres.*

Soit A un point commun aux circonférences O,O' hors

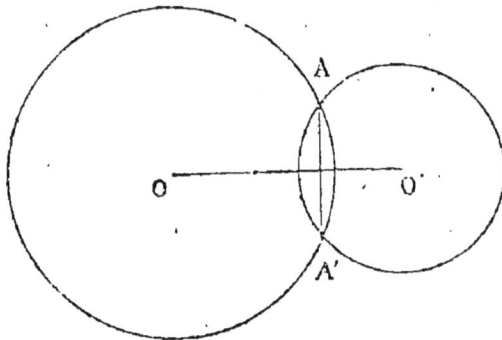

de la ligne des centres, prenons le symétrique A' de A par rapport à OO'; chacun des points O,O' sera à égale distance des points A,A' donc les circonférences passent toutes deux par le point A' puisqu'elles passent par le point A.

(1) INTERSECTION, du latin *intersectionem, inter*, parmi, au milieu de, *secare*, couper.
(2) TANGENTE, du latin *tangentem, tangere*, toucher.
(3) CONTACT, du latin *contactus, cum*, avec, *tactus*, toucher.

**Corollaires.— I.** — *La corde commune à deux circonfé-rences est perpendiculaire à la ligne des centres et se trouve partagée par cette ligne en deux parties égales.*

**II.** — *Lorsque deux circonférences sont tangentes, le point de contact est situé sur la ligne des centres.*

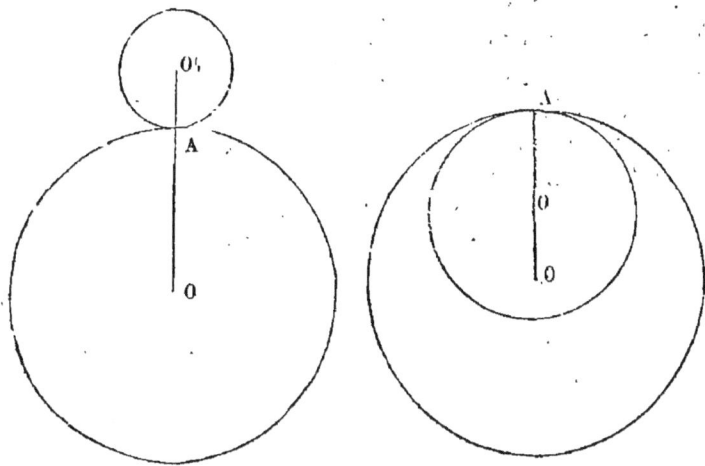

En effet, par définition, les circonférences n'ont qu'un seul point commun, donc il ne peut être hors de la ligne des centres (Théorème V).

**Définition.** — *Deux circonférences peuvent occuper cinq positions relatives.*

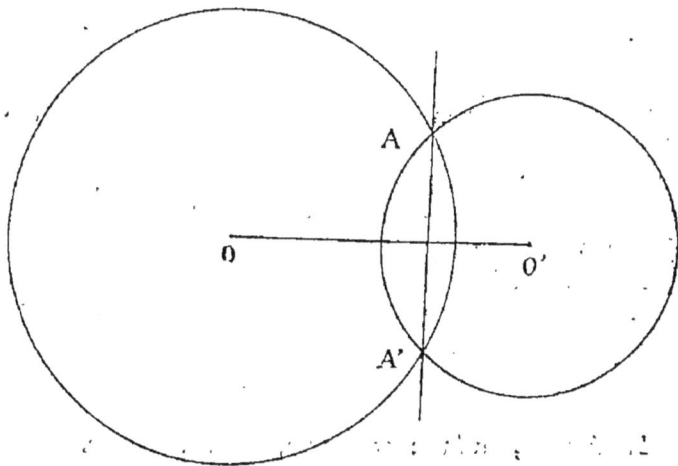

1° Elles peuvent avoir deux points communs, on dit alors qu'elles sont *sécantes* (1).

2° Elles peuvent n'avoir qu'un seul point commun, c'est-à-dire être tangentes, mais alors deux cas se présentent, suivant qu'elles sont tangentes extérieurement ou intérieurement.

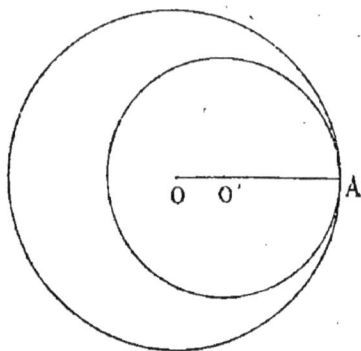

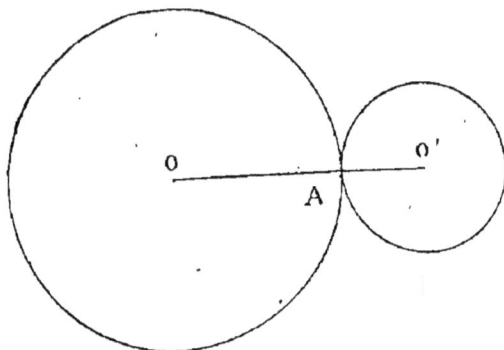

3° Elles peuvent n'avoir aucun point commun, dans ce cas elles peuvent être intérieures ou extérieures l'une à l'autre.

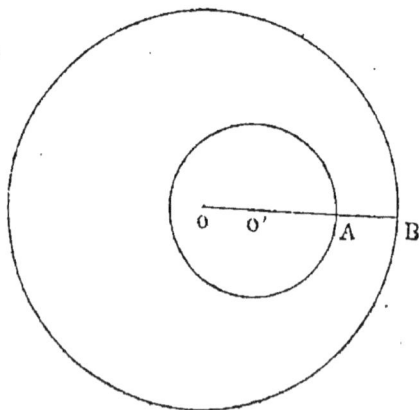

(1) Sécante, du latin *secantem*, *secare*, couper.

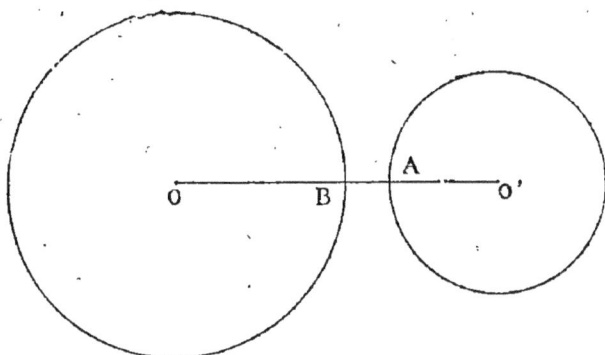

## THÉORÈME VI.

1° *Quand deux circonférences sont extérieures, la distance des centres est plus grande que la somme des rayons.*

2° *Quand deux circonférences sont tangentes extérieurement, la distance des centres est égale à la somme des rayons.*

3° *Quand deux circonférences sont sécantes, la distance des centres est moindre que la somme des rayons, mais plus grande que leur différence.*

4° *Quand deux circonférences sont tangentes intérieurement, la distance des centres égale la différence des rayons.*

5° *Quand deux circonférences sont intérieures la distance des centres est moindre que la différence des rayons.*

Il suffit de regarder les figures précédentes qui représentent les cinq positions relatives pour établir aisément ces cinq relations.

**Réciproques.** — Les réciproques des cinq parties du théorème VI sont vraies; cela est évident *a priori*, car nous avons caractérisé toutes les positions relatives possibles des deux circonférences.

Par exemple : *deux circonférences sont sécantes si la distance des centres est comprise entre la somme et la différence des rayons.*

Procédons par exclusion : elles ne peuvent être ni extérieures ni tangentes extérieurement, parce que la distance des centres serait supérieure ou égale à la somme des rayons tandis qu'elle est moindre que cette somme : elles ne peuvent être ni intérieures ni tangentes intérieurement parce que la distance des centres serait inférieure ou égale à la différence des rayons, tandis qu'elle est plus grande que cette différence.

**Corollaire.** — *La condition nécessaire et suffisante pour que deux circonférences se coupent est que la distance des centres soit comprise entre la somme et la différence des rayons.*

**Application.** — *Construire un triangle dont on connaît les trois côtés.*

Soit a, b, c, les longueurs données : nous prenons sur une direction arbitraire deux points BC tels que la distance BC=a, puis de chacun de ces points comme centre avec des rayons respectivement

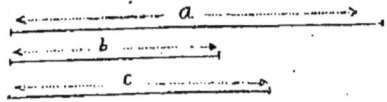

égaux aux longueurs c, b, nous décrivons des circo nfé rences : soit A l'un des points communs à ces lignes ; est évident que le triangle ABC répond à la question.

Discutons le problème, c'est-à-dire étudions les conditions de possibilité et le nombre des solutions. — Il est nécessaire et suffisant pour que la

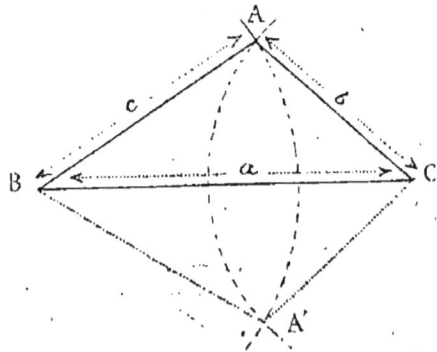

construction fournisse le point A, que les circonférences employées soient sécantes, c'est-à-dire, en supposant $b < c$ pour fixer les idées, que l'on ait (Réciproque du théorème VI).

$$c - b < a < c + b.$$

Ces conditions nécessaires et suffisantes s'écrivent :

$$a < b + c$$
$$c < a + b$$

Et comme déjà $b < c$; on a aussi $b < a + c$

Nous savions déjà (Théorème IV, Liv. 1) qu'il était nécessaire que chacun des côtés donnés fût moindre que la somme des deux autres, nous voyons que ces conditions sont suffisantes. — Donc :

*Pour qu'un triangle ait pour côtés trois longueurs données il faut et il suffit que chacune des longueurs soit moindre que la somme des deux autres.*

**Remarque.** — La construction fournit un deuxième point : A' qui, joint aux points B,C, fournirait un triangle égal au premier; ce n'est donc pas une nouvelle solution.

§ III. — **Dépendance mutuelle des cordes et des arcs. — Tangente.**

## THÉORÈME VII.

*Sur une même circonférence, ou sur des circonférences égales, les arcs égaux sont sous-tendus par des cordes égales, et réciproquement.*

Prouvons que les arcs égaux ACB, A'C'B' sur les circonférences O,O' sont sous-tendus par des cordes égales;

portons la circonférence O' sur la circonférence O, les deux courbes coïncideront ; faisons tourner la circonférence O

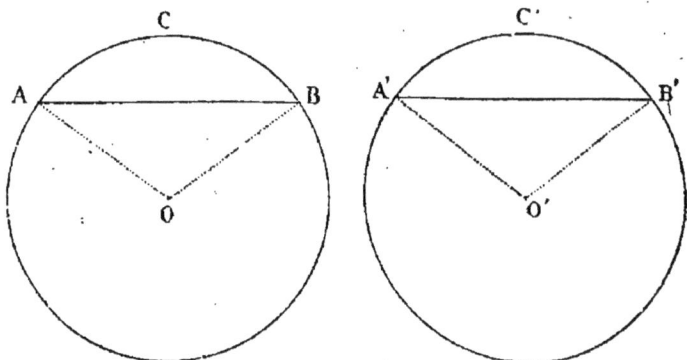

autour du centre O jusqu'à ce que les deux arcs coïncident, alors les cordes ayant mêmes extrémités coïncideront.

**Réciproquement.** — Soit les arcs, ACB, A'C'B', tous deux moindres qu'une demi-circonférence, sur les circonférences égales O,O', sous-tendus par des cordes égales ; les triangles AOB, A'O'B' seront égaux, puisque les trois côtés sont égaux chacun à chacun. Portons alors la circonférence O' sur la circonférence O de sorte que les deux triangles égaux coïncident, les circonférences coïncideront dans toutes leurs parties, et les arcs ayant mêmes extrémités coïncideront aussi.

## THÉORÈME VIII.

*Sur une même circonférence ou sur des circonférences égales, des arcs inégaux, moindres qu'une demi-circonférence, sont sous-tendus par des cordes inégales qui sont dans le même ordre de grandeur que les arcs, et réciproquement.*

Soit sur la même circonférence les arcs ACB, A'C'B

moindres qu'une demi-circonférence, tels que arc ACB >
ou A'C'B'.

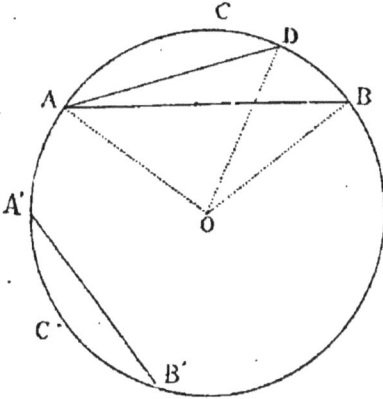

Prenons l'arc ACD
égal à A'C'B' dans le
sens ACB, le rayon OD
sera compris dans l'an-
gle AOB, et comme les
arcs sont moindres
qu'une demi-circonféren-
ce, l'angle AOD du tri-
angle AOD sera moindre
que l'angle AOB du tri-
angle AOB; en appliquant
le théorème VII du Liv.I,
nous voyons que le troisième côté AD est moindre que
AB, donc corde A'B' < corde AB.

**Réciproquement.** — Supposons corde AB> corde A'B'
et prouvons que les arcs sous-tendus ACB, A'C'B' moindres qu'une demi-circonférence sont dans le même ordre de
grandeur.

D'abord ces arcs sont inégaux, sans quoi les cordes seraient égales ; puis, l'arc ACB ne peut être moindre que l'arc
A'C'B' car la corde AB serait moindre que la corde A'B',
donc il faut arc ACB> arc A'C'B'.

**Remarque.** —Dans le cas où l'on considérerait les arcs
plus grands qu'une demi-circonférence, l'ordre de grandeur
de ces arcs serait inverse de l'ordre de grandeur des cordes
qui les sous-tendent.

**Définition.** — Une droite est dite *sécante* (1) ou *tangente* (2) à une circonférence suivant qu'elle a en commun
avec la courbe deux points ou un seul point.

(1) Sécante, du latin *secantem, secare*, couper.
(2) Tangente, du latin *tangentem, tangere*, toucher.

Dans le dernier cas le point unique commun s'appelle le *point de contact* de la tangente.

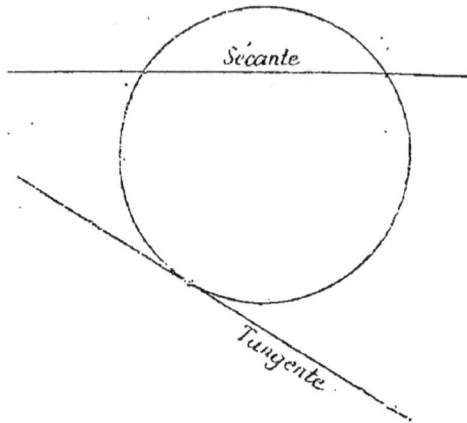

Lorsque les côtés d'une ligne polygonale sont tangents à une même circonférence, on dit que cette ligne est *circonscrite* (1) *à la circonférence ;* on dit aussi dans ce cas que la circonférence est *inscrite* (2) *dans la ligne polygonale.*

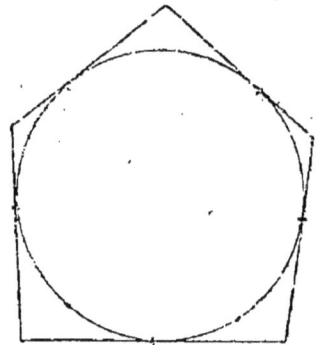

## THÉORÈME IX.

*La tangente en un point d'une circonférence est perpendiculaire sur le rayon qui passe par ce point ; et réciproquement : la perpendiculaire à l'extrémité du rayon d'une circonférence est tangente en ce point à la courbe.*

1º Soit *xy* tangente en A à la circonférence O : tout point

_____

(1) CIRCONSCRIT, du latin *scribere*, *circum*, tout autour.
(2) INSCRIT, du latin *inscribere*, *in*, dans, *scribere*, tracer, écrire.

M de cette ligne autre que A est extérieur à la circonfé-

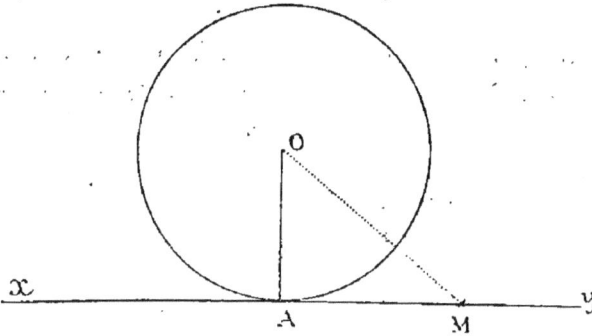

rence, donc OA est la plus courte ligne que l'on puisse tracer de O sur *xy*, OA est donc perpendiculaire sur *xy*.

2° Soit *xy* perpendiculaire à l'extrémité A du rayon OA;
tout point M de *xy* sera à une distance du point O plus
grande que OA, donc *xy* n'a que le point A de commun
avec la circonférence, *xy* est donc tangente en A.

**Corollaires.**—**I.**—*En un point d'une circonférence il y
a toujours une tangente et une seule.*

**II.** — *Lorsque deux circonférences sont tangentes, elles
admettent au point de contact la même tangente : c'est la
perpendiculaire en ce point à la ligne des centres.*

**Applications.**—**I.**—*Le lieu géométrique des centres des
circonférences tangentes en un point donné d'une droite est
la perpendiculaire élevée en ce point à cette droite.*

**II.**—*Le centre d'une circonférence tangente à plusieurs
droites est situé à égale distance de ces droites; et réciproquement : tout point situé à égale distance de plusieurs droites est le centre d'une circonférence tangente à ces droites.*

**III.**—*Le lieu géométrique des centres des circonférences
tangentes à deux droites concourantes, se compose de deux
droites rectangulaires bissectrices des angles que forment
les droites considérées.*

**IV.**—*Il y a quatre circonférences, et rien que quatre,
tangentes aux trois côtés d'un triangle.*

## THÉORÈME X.

*Le milieu d'un arc, le milieu de la corde qui le sous-tend et le centre de la circonférence sont situés sur une même droite perpendiculaire à la corde.*

Soit le diamètre EOC perpendiculaire sur la corde AB; il passe d'abord par le milieu de AB parce que les obliques OA et OB étant égales s'écartent également du pied D de la perpendiculaire ; il passe aussi par le milieu de l'arc ACB parce que les cordes CA, CB sont égales comme obliques à AB s'écartant également du pied D de la perpendiculaire.

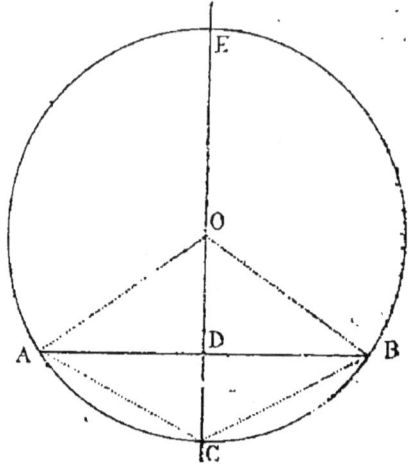

## THÉORÈME XI.

*Deux droites parallèles interceptent sur une circonférence des arcs égaux.*

1º Les deux parallèles sont sécantes : nous traçons le diamètre perpendiculaire sur la corde AB, il sera aussi perpendiculaire sur la parallèle CD et le point E sera d'après le théorème X le milieu de chacun des arcs AEB, CED, donc les arcs interceptés AC, BD sont égaux.

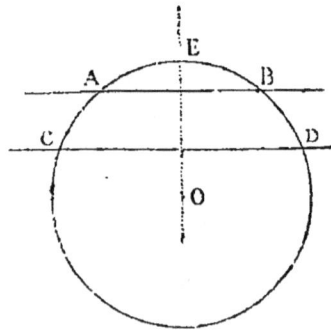

2° L'une des parallèles est tangente, l'autre sécante : le diamètre du point de contact A est perpendiculaire sur la tangente, il est donc aussi perpendiculaire sur la parallèle CD à cette tangente, et par suite du théorème X le point A est le milieu de l'arc CAD.

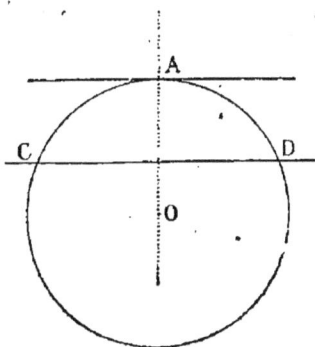

3° Les deux parallèles sont tangentes : le diamètre qui passe par le point de contact A est perpendiculaire sur la tangente en ce point, il est donc aussi perpendiculaire sur l'autre tangente qui est parallèle à la première, il passe donc par le point de contact B de cette tangente ; les arcs ACB, ADB sont donc des demi-circonférences.

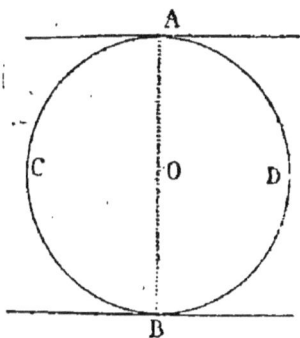

**Corollaires.— I.—** *Les points de contact de deux tangentes parallèles sont diamétralement opposés.*

**II.—***Tout trapèze inscrit dans une circonférence est isocèle.*

## THÉORÈME XII.

*Dans une même circonférence ou dans des circonférences égales, des cordes égales sont également éloignées du centre et réciproquement.*

Soit d'abord les cordes égales AB, A'B' dans la même circonférence : les perpendiculaires OC, OC' abaissées du centre sur les cordes sont égales parce que les triangles

rectangles AOC, A'OC' sont égaux comme ayant l'hypoténuse égale et un côté de l'angle droit égal (car AC et
A'C', sont les moitiés des cordes
égales).

Soit en second lieu les cordes
AB, A'B' dont les distances au
centre OC, OC' sont égales : les
moitiés AC, A'C' de ces cordes
sont égales parce que les triangles rectangles AOC, A'OC' sont
égaux comme ayant l'hypoté-
nuse égal et un côté de l'angle droit égal.

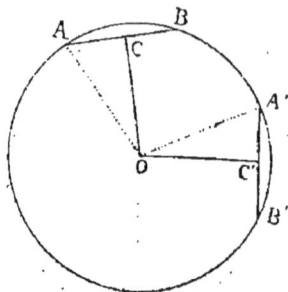

**Corollaire.** — *Toutes les cordes égales d'une même*

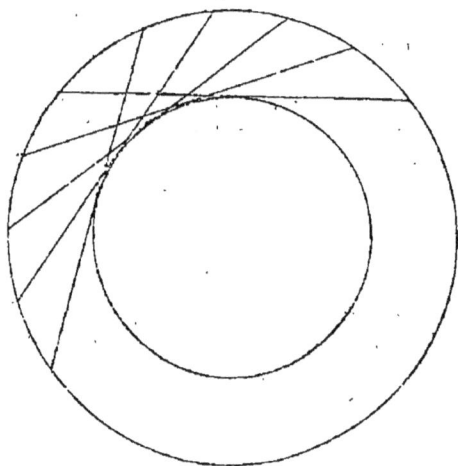

*circonférence sont tangentes à une même circonférence con-
centrique à la première et qu'elles enveloppent.*

*Cette circonférence est aussi le lieu géométrique des
milieux de ces cordes.*

## THÉORÈME XIII.

*Dans une même circonférence ou dans deux circonférences*

égales, de deux cordes inégales la plus petite est la plus éloignée du centre et réciproquement.

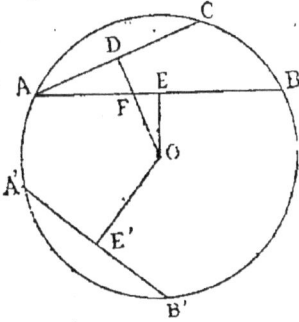

1° Soit, dans la même circonférence, les cordes inégales AB, A'B' : les arcs moindres qu'une demi-circonférence sous-tendus par ces cordes sont dans le même ordre de grandeur ; prenons donc sur l'arc AB, l'arc AC égal à l'arc A'B' ; la corde AC et le centre O seront de part et d'autre de AB : donc la perpendiculaire OD abaissée du centre sur AC sera rencontrée par AB entre les points O, D, c'est-à-dire que OF est certainement plus court que OD. Mais OE est déjà plus court que OF, donc OE<OD et aussi OE<OE'.

2° Soit les cordes AB, A'B' telles que la distance OE soit moindre que la distance OE', alors les cordes sont inégales (théorème XII) et la corde AB ne peut être moindre que la corde A'B', sans quoi OE serait plus grand que OE' ; donc il faut que AB soit plus grand que A'B'.

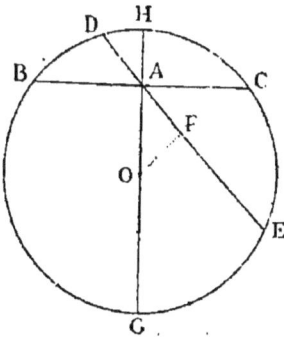

**Corollaire.** — *La plus petite corde d'une circonférence passant par un point donné est perpendiculaire au diamètre qui passe par ce point.*

Soit la corde BC perpendiculaire en A au diamètre HG, elle est moindre que toute autre corde DE passant par le point A puisque OA>OF.

*Les cordes maxima et minima passant par un point sont donc le diamètre de ce point et la perpendiculaire à ce diamètre.*

### § IV. — Mesure des angles.

**Définition.** — *On appelle rapport de deux grandeurs de même espèce le nombre qui exprime comment l'une de ces grandeurs se compose avec l'autre.*

Le rapport de la grandeur A à la grandeur B se repré-sente par $\frac{A}{B}$.

Entre deux grandeurs il existe deux rapports inverses l'un de l'autre.

On dit qu'une grandeur A est *multiple* d'une autre gran-deur B de même espèce, si B est égal à une des parties obtenues en partageant A en parties égales entre elles : la grandeur B est alors appelée *sous-multiple* de A.

On dit qu'une grandeur C est une *commune mesure* entre deux autres grandeurs A et B de même espèce lorsque A et B sont en même temps des multiples de C.

Deux grandeurs de même espèce n'admettent pas néces-sairement de commune mesure : on dit qu'elles sont *com-mensurables* (1) ou *incommensurables* (2) entre elles suivant qu'il existe ou non une commune mesure : nous ne nous oc-cuperons que du cas des grandeurs commensurables. Il est évident que si deux grandeurs sont commensurables entre elles, elles admettent une infinité de communes mesures : il est commode de considérer la plus grande.

### THÉORÈME XIV.

*Le rapport de deux grandeurs est le quotient des nombres qui expriment combien de fois ces grandeurs contiennent une commune mesure.*

Supposons deux longueurs A, B qui contiennent res-pectivement une commune mesure C, 15 et 8 fois ; cela si-gnifie que A contient 15 fois la 8e partie de B et que par suite $\frac{15}{8}$ est le nombre qui exprime comment A se compose avec B, donc $\frac{A}{B} = \frac{15}{8}$.

**Remarque.** — On obtient la forme la plus simple du rapport de deux grandeurs en employant dans leur compa-raison la plus grande commune mesure entre les deux gran-deurs.

(1) COMMENSURABLE, du latin *cum* et *mensurabilis*, qui peut être mesuré.

(2) INCOMMENSURABLE, du latin *in cum mensurabilis*, qui ne peut pas être mesuré.

**Définitions.** — La *mesure* (1) d'une grandeur est le rapport de cette grandeur à une autre grandeur de même espèce choisie une fois pour toutes, et qu'on appelle *l'unité de mesure* des grandeurs de cette espèce.

Si l'on dit par exemple que la mesure d'une longueur est 5,4, cela signifiera que cette longueur se compose des $\frac{54}{10}$ de la longueur choisie pour unité.

Si on écrit que la mesure d'une longueur est $5^m$, 4 on exprime que l'unité de longueur choisie étant le mètre, cette longueur se compose des $\frac{54}{10}$ du mètre.

On appelle *angle au centre* dans une circonférence tout angle dont le sommet est situé au centre : *l'arc intercepté* par l'angle au centre est l'arc compris entre ses côtés.

*L'angle inscrit* dans une circonférence est l'angle formé par deux cordes qui se coupent sur la circonférence.

Un *secteur* est la portion du cercle limitée par deux rayons.

Un *segment* (2) est la portion du cercle comprise entre un arc et sa corde.

### THÉORÈME XV.

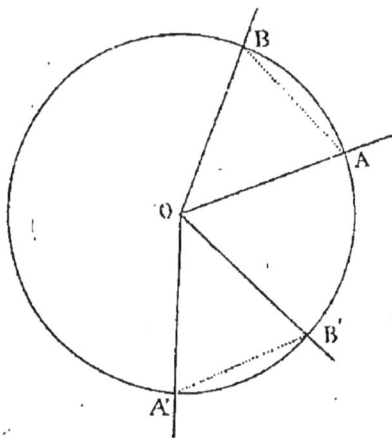

Dans la même circonférence ou dans des circonférences égales, des angles au centre égaux interceptent des arcs égaux et réciproquement.

Soit dans la même circonférence les angles au centre égaux AOB, A'OB' : les triangles AOB, A'OB' sont égaux parce qu'ils ont un angle égal compris entre deux côtés

(1) MESURE, du latin *mensura*, action de mesurer, *metiri*, supin, *mensum*.

(2) SEGMENT, du latin *segmentum*, *secare*, couper, coupure.

égaux chacun à chacun, donc les cordes AB, A'B' sont
égales et par suite les arcs sous-tendus sont aussi égaux.

**Réciproquement**, soit les angles au centre AOB, A'OB'
qui interceptent des arcs égaux: les cordes sous-ten-
dantes sont donc égales, et par suite les triangles AOB,
A'OB' qui ont leurs trois côtés chacun à chacun sont égaux,
donc les angles AOB, A'OB' sont égaux.

## THÉORÈME XVI.

Dans la même circonférence ou dans deux circonférences
égales, deux angles au centre sont dans le même rapport
que les arcs qu'ils interceptent.

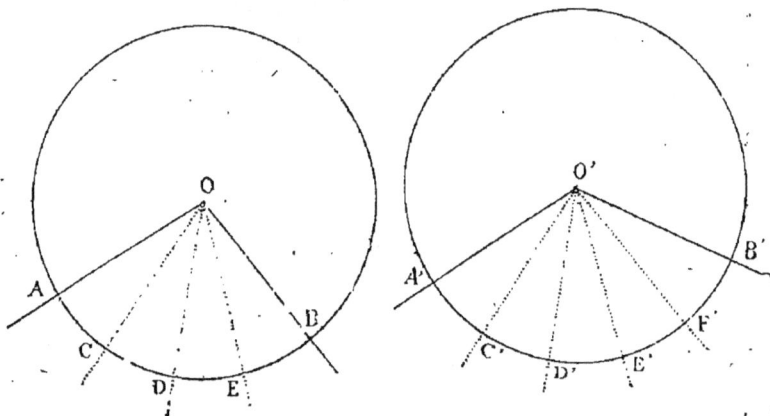

Soit les angles AOB, A'O'B' qui interceptent les arcs AB,
A'B' sur deux circonférences égales.

Pour évaluer le rapport de ces arcs, supposons une commune mesure entre leurs longueurs contenue, par exemple,
4 fois dans l'arc AB, et 5 fois dans l'arc A'B': de cette hypothèse résulte $\frac{\text{arc A B}}{\text{arc A'B'}} = \frac{4}{5}$

Joignons les points de division de ces arcs aux centres
correspondants; nous aurons partagé l'angle AOB en 4
parties égales, parce que ces angles partiels interceptent
des arcs égaux.

De même l'angle A'O'B' sera partagé en 5 parties égales :
d'ailleurs les parties de l'angle AOB sont égales aux parties
de l'angle A'O'B', donc l'une quelconque de ces parties est
une commune mesure aux angles AOB, A'O'B', et l'on a :

$$\frac{\widehat{AOB}}{\widehat{A'O'B'}} = \frac{4}{5} \quad \text{donc} \quad \frac{\widehat{AOB}}{\widehat{A'O'B'}} = \frac{\text{arc AB}}{\text{arc A'B'}}.$$

## THÉORÈME XVII.

*Un angle au centre a même mesure que l'arc qu'il inter-
cepte, si l'on choisit pour unité d'angle au centre celui qui
intercepte sur la circonférence l'unité d'arc.*

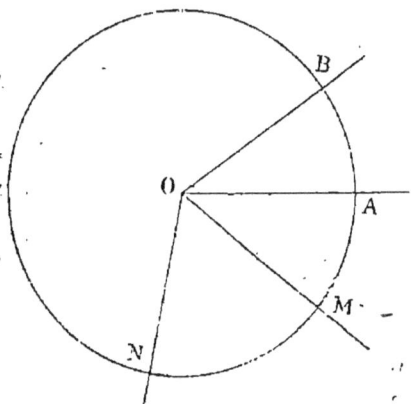

Soit l'angle au centre
AOB qui intercepte l'arc
AB, nous prenons l'angle
AOB comme unité de me-
sure des angles et l'arc
AB comme unité de me-
sure des arcs.

Dans ces conditions,
un angle au centre tel que
MON aura toujours même
mesure que l'arc MN qu'il
intercepte.

En effet, d'après le théorème XVI, nous avons

$$\frac{\widehat{MON}}{\widehat{AOB}} = \frac{\text{arc MN}}{\text{arc AB}}$$

Or, par définition, $\dfrac{\widehat{MON}}{\widehat{AOB}}$ est la mesure de l'angle $\widehat{MON}$,

puisque $\widehat{AOB}$ est l'unité de mesure choisie pour les angles, et de même, $\dfrac{\text{arc MN}}{\text{arc AB}}$ est la mesure de l'arc AB, dont l'égalité précédente signifie que la mesure de l'angle $\overset{\frown}{\text{MON}}$ égale la mesure de l'arc MN.

**Remarque.** — Dans le langage ordinaire, on énonce le théorème XVII en disant : *L'angle au centre a même mesure que l'arc intercepté*, et l'on sous-entend l'hypothèse du théorème qui établit une correspondance nécessaire entre les unités de mesure d'angle et d'arc : mais il est bien clair que le théorème n'est vrai que si on suppose les unités se correspondant.

## THÉORÈME XVIII.

*Un angle inscrit a même mesure que la moitié de l'arc qu'il intercepte.*

Il est évident que cela revient à prouver que l'angle inscrit est la moitié de l'angle au centre qui intercepte le même arc.

Deux cas à considérer, suivant que le centre est intérieur ou extérieur à l'angle inscrit :

**I<sup>er</sup> cas.**—Soit l'angle inscrit ACB ; il est la somme des angles 1, 2 dans lesquels le décompose le diamètre COD : or, l'angle 1' extérieur au triangle isocèle AOC vaut la somme des angles non adjacents, c'est-à-dire le double de l'angle 1. De même, l'angle 2' vaut le double de l'angle 2, donc l'angle AOB vaut le double de l'angle ACB.

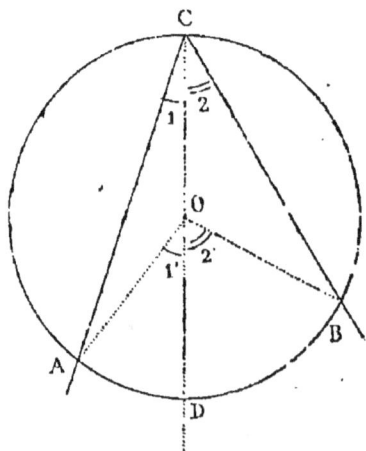

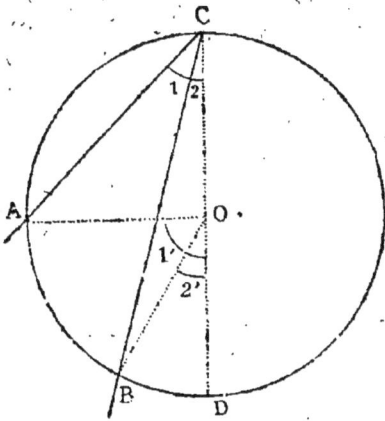

**II<sup>e</sup> cas.** — Soit l'angle inscrit ACB : il est la différence des angles 1, 2 que forment ses côtés avec le diamètre COD. Or, l'angle 1' extérieur au triangle isocèle AOC vaut la somme des angles non adjacents, il est donc double de l'angle 1 ; de même, l'angle 2' est double de l'angle 2 ; donc l'angle AOB est double de l'angle ACB.

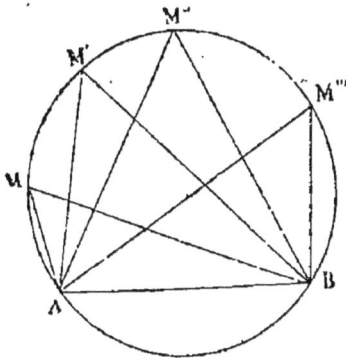

**Corollaires.— I.**— *Tous les angles inscrits dans un même segment sont égaux.*

En effet, tous les angles inscrits dans le segment AMB, ont même mesure que la moitié de l'arc ACB ; donc ils sont égaux.

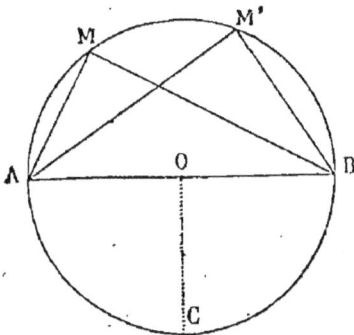

**II.**—*Tous les angles inscrits dans une demi-circonférence, sont droits.*

Car l'angle droit au centre AOC a même mesure que le quart de la circonférence, il a donc même mesure que l'angle inscrit AMB et, par suite, lui est égal.

**III.**—*Un angle tel que DBC formé par une corde BC, et le*

4.

prolongement d'une corde AB qui rencontre la première sur la circonférence a même mesure que la demi-somme des arcs BEC, AFB compris entre ses côtés.

En effet, cet angle $\widehat{DBC}$ extérieur au triangle ABC, vaut la somme des angles 1, 2, qui ont respectivement même mesure que les moitiés des arcs AFB, BEC.

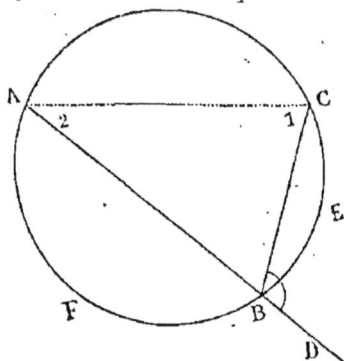

**IV.**—*Un angle tel que $\widehat{DBC}$ formé par une corde et la tangente en l'une de ses extrémités a même mesure que la moitié de l'arc BFC compris entre ses côtés.*

Si nous menons en effet la parallèle CE à la tangente, l'angle 1 sera égal à l'angle $\widehat{DBC}$. Or cet angle 1 est inscrit, il a donc même mesure que la moitié de l'arc BE ou de l'arc BFC.

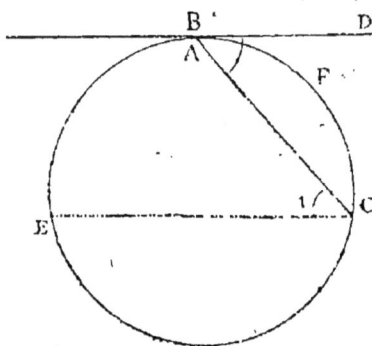

**V.** — *Les angles opposés d'un quadrilatère inscriptible sont supplémentaires.*

Soit le quadrilatère inscrit ABCD : les angles 2 et 3 ont chacun là même mesure que la moitié de l'arc DAB, donc ils sont égaux, donc les angles 1, 2 sont supplémentaires.

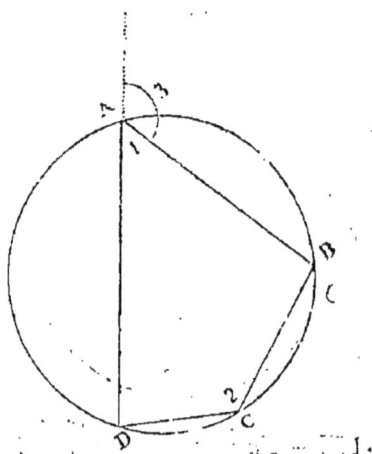

### THÉORÈME XIX.

*Un angle dont le sommet est à l'intérieur d'une circonfé-
rence a même mesure que la demi-somme des arcs compris entre ses côtés.*

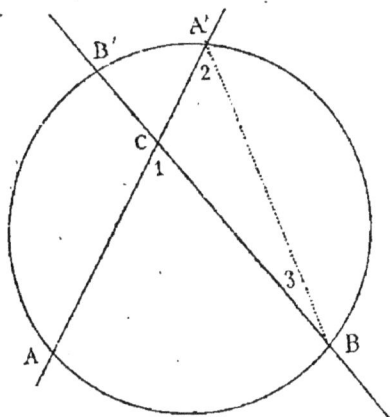

Soit l'angle ACB : traçons A'B ; l'angle 1 extérieur au triangle A'CB vaut la somme des angles non adjacents 2 et 3, qui ont respectivement même mesure que les moitiés des arcs AB, A'B'.

**Remarque.** Les corollaires III et IV du théorème XVIII sont des cas particuliers du théorème XIX.

### THÉORÈME XX.

*Un angle dont le sommet est extérieur à une circonfé-
rence a même mesure que la demi-différence des arcs compris entre ses côtés.*

Soit l'angle ACB : traçons AB' ; l'angle 3 extérieur au

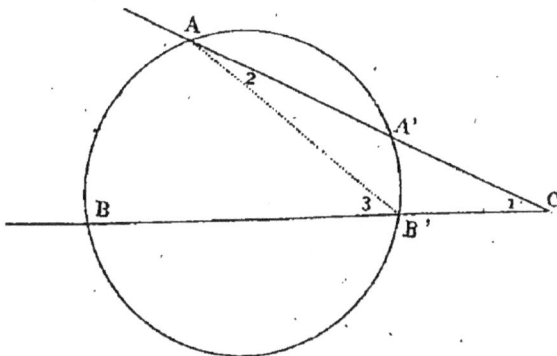

triangle AB'C vaut la somme des angles 1, 2 non adjacents,

donc l'angle 1 vaut la différence des angles 3, 2 qui ont respectivement même mesure que les moitiés des arcs AB, A'B'.

**Corollaires.— 1** .— *Un angle tel que ACB dont un côté*

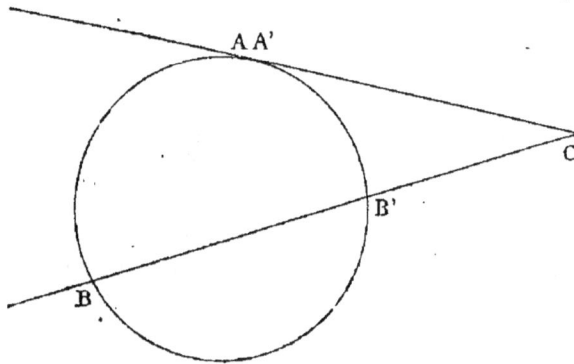

*est tangent à une circonférence et l'autre sécant, a même mesure que la demi-différence des arcs AB, A'B' compris entre ses côtés.*

C'est un cas particulier du théorème XX.

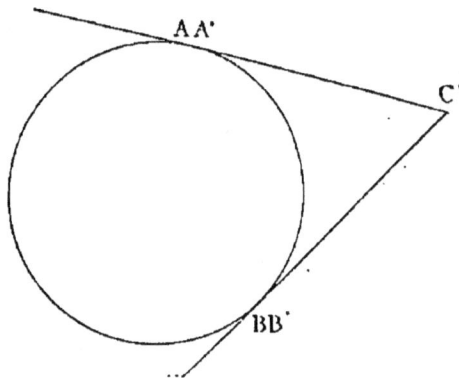

**II.** — *Un angle tel que ACB dont les deux côtés sont tangents à une même circonférence, a même mesure que la demi-différence des arcs compris entre ses côtés.*

**Application 1.** — *Quel est le lieu géométrique des points d'un plan d'où l'on voit sous un angle donné une portion de droite de ce plan.*

Soit AB la portion de droite : la direction XY partage le plan en deux régions.; étudions le lieu dans l'une de ces régions.

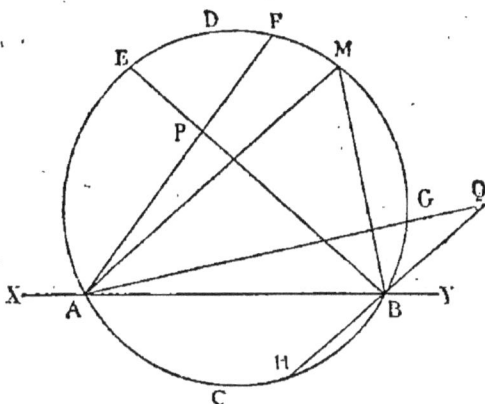

Soit M un point du lieu ; l'angle AMB sous lequel on voit AB du point M est donc égal à l'angle donné ; faisons passer une circonférence par les trois points A,M,B. Nous savons, théorème XVIII, que tout point de l'arc ADB est un point du lieu, puisque tous les angles inscrits dans le segment ADB sont égaux. — Si nous prouvons que tout point de la région considérée qui n'est pas sur l'arc ADB n'est pas un point du lieu, le lieu sera l'arc ADB. — Or, pour tout point P intérieur au segment, l'angle APB sous lequel on voit AB est plus grand que l'angle $\overset{\frown}{AMB}$, car (théorème XIX) il a même mesure que la demi-somme des arcs ACB, EF ; — Et pour tout point Q extérieur au segment, l'angle AQB est moindre que AMB, car (théorème XX) il a même mesure que la demi-différence des arcs AH et GB.

Donc le lieu complet se compose de deux arcs égaux ayant pour corde commune AB. — Dans le cas particulier où l'angle donné serait droit, le lieu est la circonférence ayant pour diamètre AB.

Dans le cas général, le segment AMB est dit *capable* de l'angle donné.

Voyons comment on peut le construire.

Nous traçons par le point B, par exemple, une droite BF for-

mant avec AB un angle ABF égal à l'angle donné, puis nous
élevons au point B un perpendiculaire à BF et nous pre-

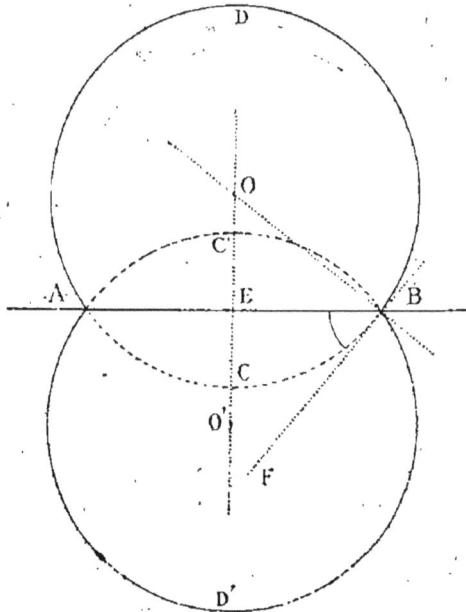

nons le point O où elle rencontre la perpendiculaire élevée
au milieu E de AB : la circonférence décrite de O comme
centre avec OB pour rayon répond à la question. En effet,
cette circonférence sera tangente au point B de BF, par suite,
l'angle $\widehat{ABF}$ (corollaire IV du théorème XVIII) aura même
mesure que la moitié de l'arc ACB et sera par suite égal
à tout angle inscrit dans le segment ADB.

Le point O′ symétrique de O par rapport à AB, sera le
centre du second arc : le lieu complet est donc la ligne
ADBD′A.

**Remarque I.** — La ligne formée par les deux arcs
ACB, AC′B est le lieu géométrique des points du plan des-
quels on voit la portion de droit AB sous un angle supplémentaire du premier angle considéré.

**Remarque II.** — Si l'on suppose qu'un angle de gran-

deur constante (un des angles d'une équerre par exemple)
sé déplace dans le plan, de sorte que ses côtés passent constamment l'un par A et l'autre par B, le sommet décrira les
deux arcs de cercle que nous venons de construire.

**Application II.** — *La condition nécessaire est suffisante
pour qu'un quadrilatère convexe soit inscriptible, c'est
que deux angles opposés soient supplémentaires.*

Nous savons que la condition énoncée est nécessaire
(corollaire V du théorème XVIII).

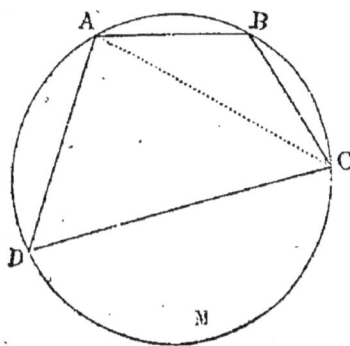

Prouvons qu'elle est suffisante.

Les angles B et D étant
supplémentaires, traçons la
circonférence circonscrite au
triangle ABC ; le segment
AMC sera capable du supplément de l'angle B, c'est-à-
dire d'un angle égal à l'angle D ; donc l'arc de cercle
AMC passe par le point D. — Le quadrilatère est donc
inscriptible.

## § V. — Problèmes (1) graphiques (2) qui dépendent des livres I et II.

**Problème I.** — *Tracé de la perpendiculaire en un
point d'une droite.*

Soit A le point donné sur *xy* ; nous prenons de part et
d'autre des longueurs égales AB=AC avec le compas, puis
de chacun de ces points comme centre avec une même ouverture de compas arbitraire, mais plus grande que AB, nous
décrivons deux arcs de circonférence qui se coupent aux
points E, E' ; la droite EE' répond à la question ; en effet,

(1) PROBLÈME, du grec προβλημα (question proposée), προ-
βαλλω, lancer en avant.
(2) GRAPHIQUE, du grec γραφικός (qui sert à écrire), à peindre,
à tracer.

elle passe par deux points E, E' également distants, des
points B, C.

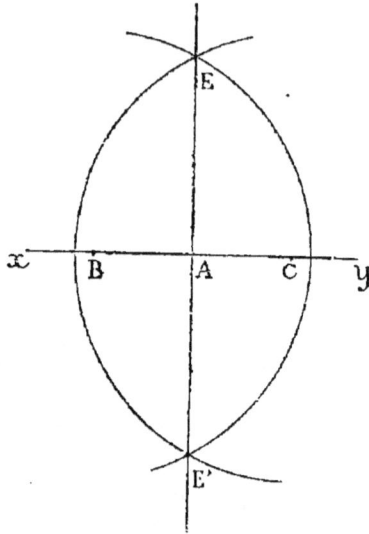

**Remarque.** — Une construction analogue donne le tracé
de la perpendiculaire au milieu d'une portion de droite, et
permet de trouver le milieu de cette portion de droite.

**Problème II.** — *Tracé de la perpendiculaire abaissée
d'un point donné sur une droite.*

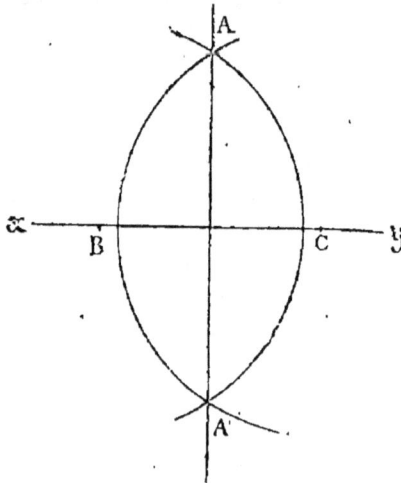

Soit A le point duquel on veut abaisser une perpendiculaire sur *xy*.

Du point A comme centre avec une ouverture de compas suffisante, nous décrivons un arc de circonférence qui coupe *xy* aux points B, C; de ces points comme centres, nous décrivons, avec le rayon précédent, des arcs de circonférence qui se coupent en A et en A' : la droite AA' répond à la question, car elle passe par les points A et A' équidistants des points B, C.

**Problème III.** — *Tracer, par un point donné d'une droite, une droite qui fasse avec la première un angle donné.*

Soit A le point de *xy* par lequel on veut faire passer une droite formant avec *xy* un angle égal à l'angle BOC.

Nous décrivons des circonférences de même rayon,

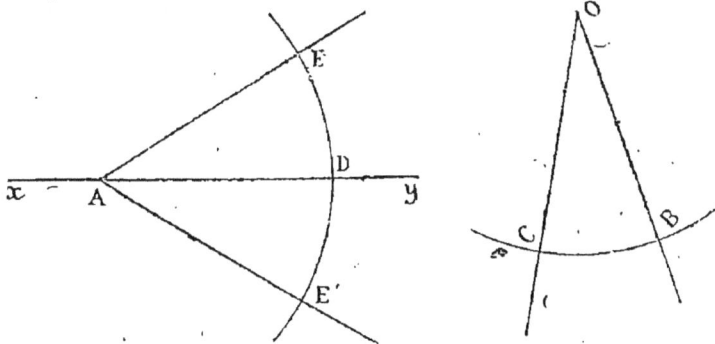

ayant pour centres les points O, A. — Soit CB l'arc intercepté par les côtés de l'angle O; nous prenons les arcs DE, DE' égaux à l'arc BC en prenant les cordes égales. — Nous tirons les droites AE, AE' qui répondent à la question. En effet, les arcs étant égaux dans des circonférences égales, les angles au centre qui les interceptent sont aussi égaux.

**Problème IV.** — *Tracer la bissectrice d'un angle donné.*

Soit l'angle *xoy*; du point O comme centre avec un rayon arbitraire, nous décrivons un arc de circonférence qui ren-

5

contre les côtés de l'angle aux points A, B. — De ces points comme centres, avec un même rayon, nous décrivons deux

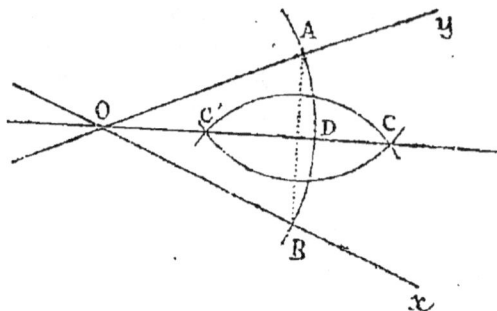

circonférences qui se coupent aux points CC′ ; la droite CC′ répond à la question.

En effet, la droite CC′ est perpendiculaire au milieu de la portion de droite AB, donc elle passe par le point A centre O de l'arc AB et par le milieu D de l'arc.

**Problème V.** — *Construire un triangle connaissant deux côtés et l'angle compris.*

Soit donné l'angle A et les longueurs b, c des côtés qui le comprennent.

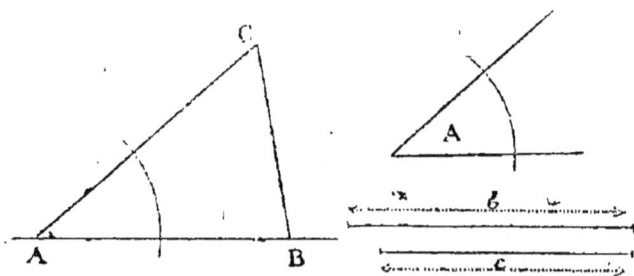

Sur une droite indéfinie xy, nous portons AB=c, nous formons en A un angle égal à l'angle donné, et sur ce deuxième côté, nous portons AC=b ; il suffit de joindre BC pour avoir le triangle cherché.

**Problème VI.** — *Construire un triangle connaissant un côté et deux angles.*

On pourra toujours connaître les deux angles adjacents au côté donné : soient donnés le côté a et les angles B, C.

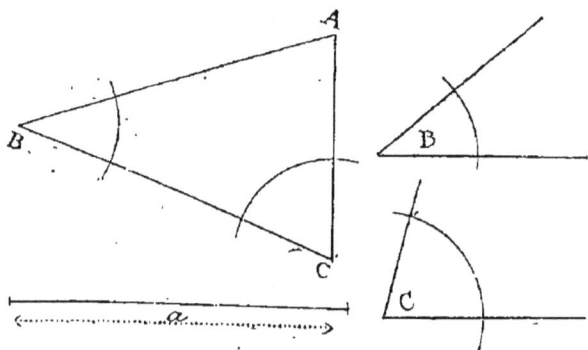

Nous porterons sur une droite indéfinie une longueur BC égale à *a*, et nous construirons les droites BA, CA formant avec BC et CB les angles égaux aux angles donnés B, C.

**Problème VII.** — *Tracé de la parallèle à une droite passant par un point donné.*

Soit le point A par lequel on veut mener la parallèle à *xy*.

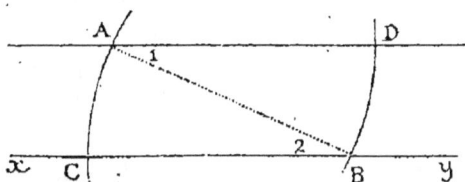

*Premier procédé.* — Du point A comme centre avec un rayon arbitraire, nous décrivons une circonférence qui rencontre *xy* en B ; de ce point comme centre, nous décrivons une circonférence égale à la première qui passe par le point A et coupe *xy* en C ; nous prenons l'arc BD égal à l'arc AC et nous traçons AD, c'est la parallèle cherchée. — En effet, les angles 1, 2 sont égaux, et comme ils occupent la position d'alternes internes par rapport aux droites AD, *xy*

rencontrées par AB, ces droites AD et *xy* sont parallèles
(Réciproque du théorème XXI, livre I).

*Deuxième procédé.* — C'est le plus commode. Il consiste
à faire usage de l'équerre (1) et de la règle plate. D'ailleurs,
il faut remarquer que l'équerre ne peut servir pour le tracé
des perpendiculaires; elle doit être uniquement employée au
tracé des parallèles, ainsi que nous allons l'indiquer.

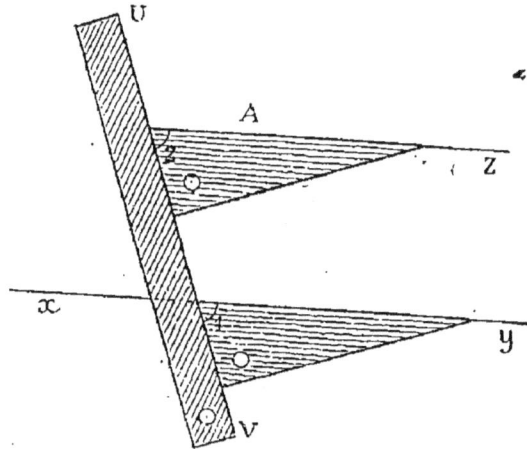

On place l'hypoténuse de l'équerre en coïncidence avec
la direction *x y*, puis on applique la règle plate sur l'un
des côtés de l'angle droit; on maintient la règle plate dans
cette position et l'on fait glisser l'équerre le long de la règle
jusqu'à ce que l'hypoténuse passe par le point A : à ce
moment la droite figurée par l'hypoténuse est la parallèle
cherchée.

En effet, les angles 1, 2 sont égaux : ils occupent la position de correspondants par rapport aux droites A *z*, *xy* rencontrées par *uv*, donc les directions A *z*, *xy* sont parallèles
(Réciproque du théorème XXI, livre I).

**Problème VIII.** — *Tracer, par un point donné hors d'une
droite, une droite qui fasse avec celle-ci un angle donné.*

(1) ÉQUERRE (*esquerre*), du verbe *esquarrer*, du bas
latin *esquadrare* (tracer à angle droit).

Soit A le point, $xy$ la droite, et $\alpha$ l'angle donnés.

1er *Procédé.* Par un point C arbitraire de $xy$ nous traçons

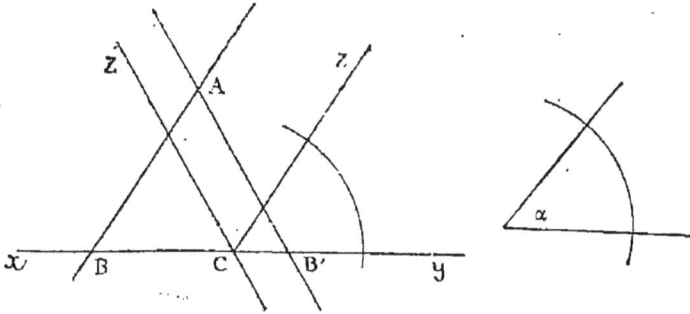

une droite CZ formant avec $xy$ l'angle $\alpha$ donné, et nous menons par le point A une parallèle AB à CZ : cette parallèle répond à la question (théorème XVIII, livre I).

Comme d'ailleurs il y a deux droites CZ, CZ' passant par C et faisant l'angle $\alpha$ avec $xy$, il y aura deux solutions AB AB' au problème.

2e *Procédé.* Nous abaissons du point A la perpendiculaire sur $xy$, et nous formons au point A avec cette ligne un angle

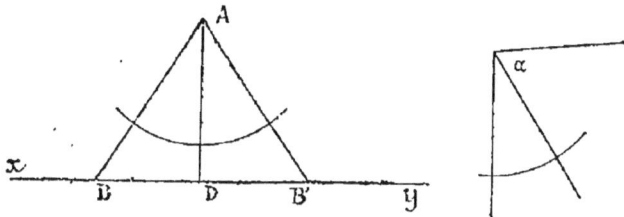

égal au complément de l'angle $\alpha$ : nous obtenons AB et AB' qui répondent toutes deux à la question.

En effet, dans un triangle rectangle ABD, les angles aigus sont complémentaires.

**Problème IX.** — *Mener par un point une tangente à une circonférence.*

**1er Cas.** — *Le point A donné est sur la circonférence ;* alors il suffit d'élever en ce point la perpendiculaire au rayon OA.

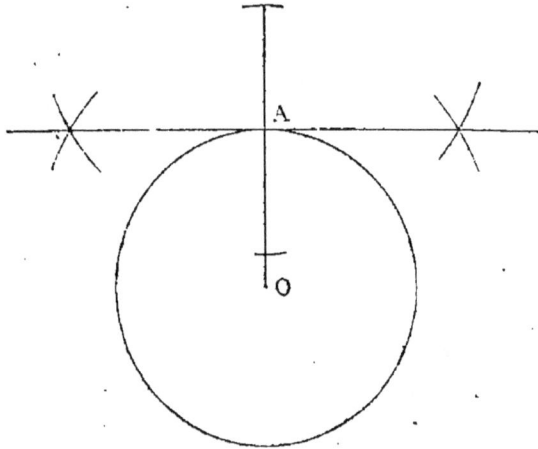

**2e Cas.** — *Le point A donné est hors de la circonférence.*

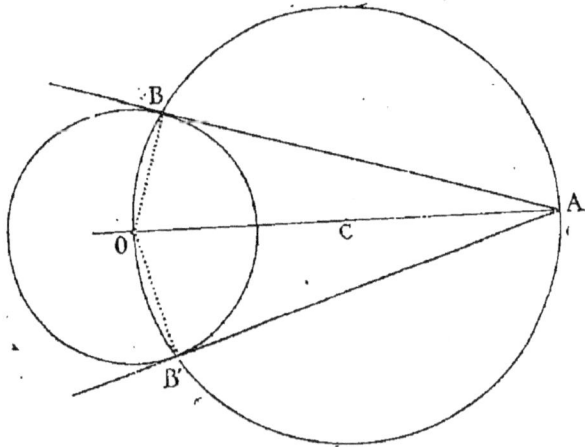

Nous traçons la circonférence qui a pour *diamètre* OA, et

nous joignons le point A aux deux points B, B' communs aux deux circonférences : ces droites sont les tangentes cherchées.

En effet, l'angle OBA étant inscrit dans une demi-circonférence est droit (Corollaire II du théorème XVIII, livre II), donc AB perpendiculaire à l'extrémité du rayon OA est tangente à la circonférence O (théorème IX, livre II).

**Corollaire**. *Les tangentes issues d'un point à une circonférence sont égales, et également inclinées sur la droite qui joint le point au centre.*

Cela résulte de l'égalité des triangles rectangles OBA, OB'A qui ont l'hypoténuse égale et un côté de l'angle droit égal.

**Problème X**. — *Tracer une tangente commune à deux circonférences.*

Nous remarquons d'abord que, dans certains cas, deux circonférences pourront avoir quatre tangentes communes, que nous distinguerons en deux tangentes communes extérieures, et deux tangentes communes intérieures.

**1° *Tangentes communes extérieures.*** Soit AA' une de ces droites : portons sur le rayon OA à partir de A une longueur AC égale à O'A', et traçons OC, nous formerons un rectangle ACO'A' : par suite la droite O'C est tangente à la circonférence ayant pour centre le point O et pour rayon la différence des rayons des circonférences considérées ; de là résulte la construction suivante : du centre O de l'une des circonférences on décrit une circonférence auxiliaire ayant pour rayon la différence des rayons, et l'on mène à cette ligne des tangentes O'C, O'C' par le centre O' de l'autre circonférence ; elles sont parallèles aux tangentes cherchées : les points de contact A, B sur la circonférence O sont les points communs à cette circonférence et aux rayons OC, OC'. les rayons de la circonférence O' parallèles aux précédents donnent les points de contact A'B'.

Le problème n'est possible que si le point O' n'est pas intérieur à la circonférence auxiliaire, c'est-à-dire si les

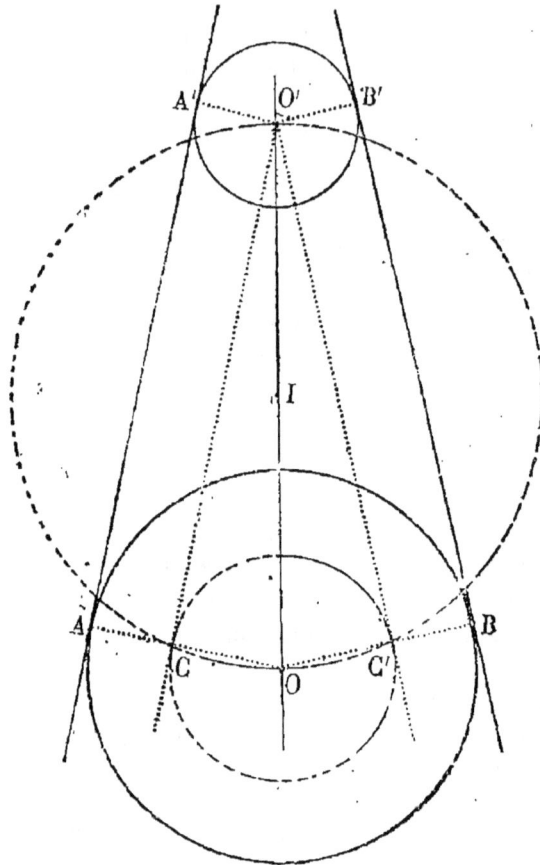

circonférences O, O' ne sont pas intérieures.

**II° Tangentes communes intérieures.** Par la même analyse que dans le premier cas, on est conduit à la construction suivante :

Du centre O de l'une des circonférences, on décrit une circonférence auxiliaire ayant pour rayon la somme des rayons des circonférences données : l'on mène à cette ligne de tangentes O'C, O'C, par le centre O' de l'autre circonférence : elles sont parallèles aux tangentes cherchées. Les points de contact A. B sur la circonférence O sont les points communs à cette circonférence et aux rayons OC, OC' ; les

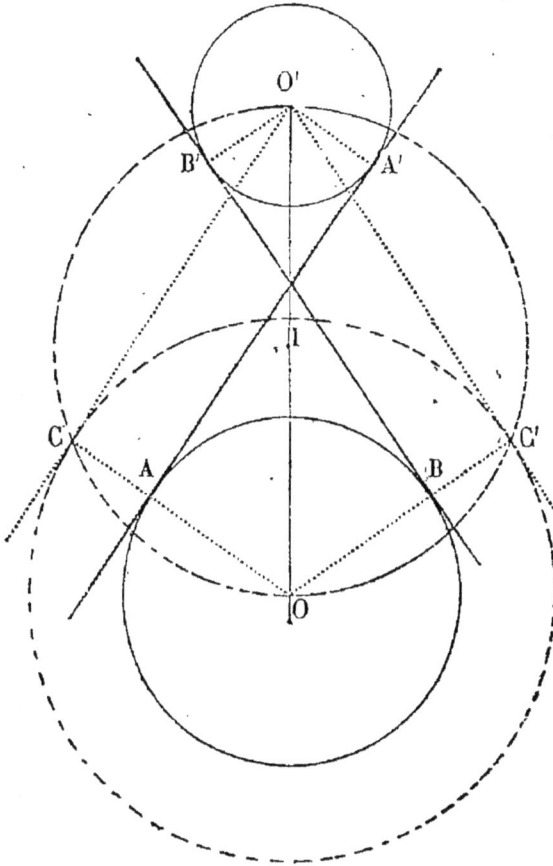

rayons de la circonférence O' parallèles aux précédents donnent les points de contact A'B'.

Cette deuxième partie du problème n'est possible que si le point O' n'est pas intérieur à la circonférence auxiliaire, c'est-à-dire si les circonférences sont extérieures ou tangentes extérieurement.

5.

En rapprochant les résultats obtenus dans les deux cas que nous avions séparés nous obtenons le tableau suivant :

| | | TANGENTES COMMUNES | |
| | | Intérieures | Extérieures |
|---|---|---|---|
| $OO' > R + R'$ . . . . . . . . . | | 2 | 2 |
| $OO' = R + R'$ . . . . . . . . . | | 1 | 2 |
| | $OO' > R - R'$. | 0 | 2 |
| $OO' < R + R'$ . | $OO' = R - R'$. | 0 | |
| | $OO$ | 0 | |

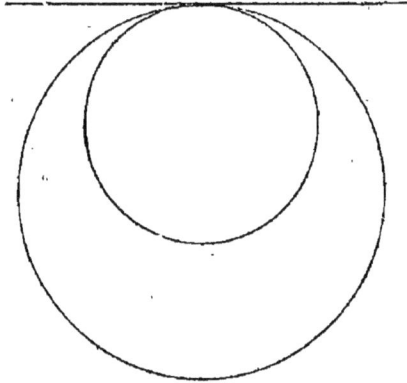

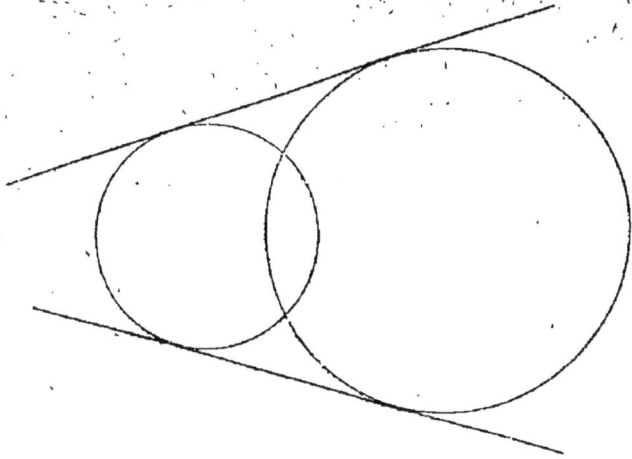

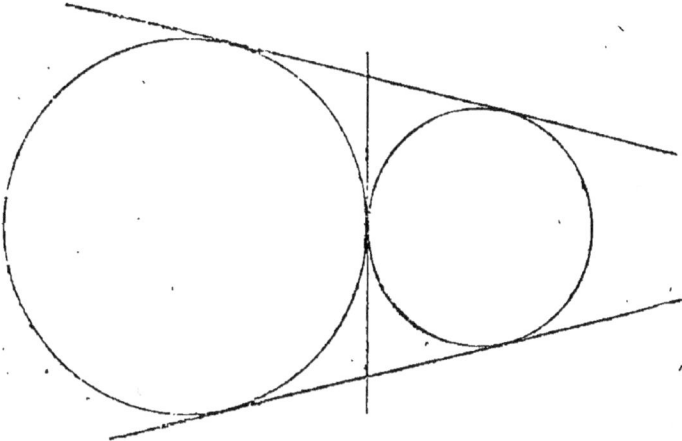

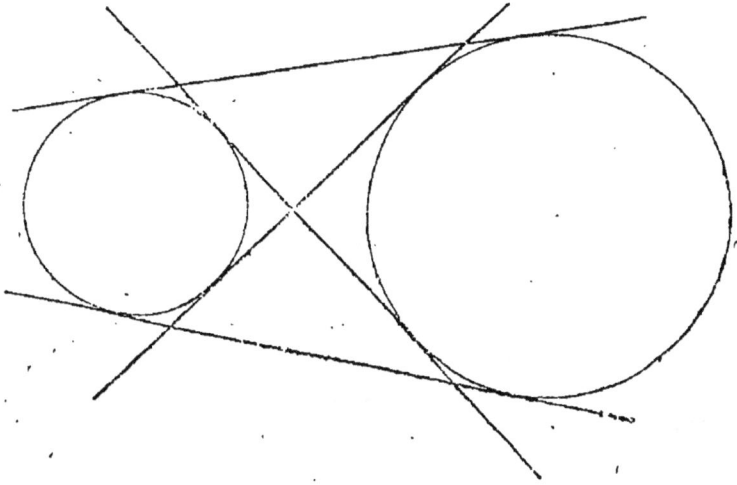

# LIVRE III.

## § I. — Lignes proportionnelles.

### THÉORÈME I.

*Il existe deux points sur une droite, et rien que deux, dont le rapport des distances à deux points donnés de cette droite ait une valeur donnée.*

Soit $\dfrac{m}{n}$ la valeur donnée, et supposons $\dfrac{m}{n} > 1$ pour fixer

les idées : soit A, B les deux points donnés de la droite $xy$.

Nous cherchons un point M sur $x\,y$, tel que

$$\frac{MA}{MB} = \frac{m}{n} \text{ ou: } \frac{MA}{m} = \frac{MB}{n}$$

D'abord nous voyons que sur la portion de droite $Ax$ il ne peut y avoir de point satisfaisant à cette condition, car pour tout point de cette portion de droite, le rapport $\dfrac{MA}{MB}$ étant moindre que 1 ne pourra égaler $\dfrac{m}{n} > 1$.

En second lieu, cherchons s'il existe un point tel que M entre A et B, pour ce point nous devons avoir

$$\frac{MA}{m} = \frac{MB}{n} = \frac{MA + MB}{m + n} = \frac{AB}{m+n}$$

d'où

$$MA = \frac{m}{m + n} AB$$

donc le point cherché devra être à une distance du point A égale à $\dfrac{m}{m + n} \times AB$; ce point existe puisque $\dfrac{m}{m + n} \times AB$ est moindre que AB, et il est seul.

Enfin cherchons à résoudre la même question en plaçant le point sur la portion $By$ : en appelant M' ce point, nous devrons avoir :

$$\frac{M'A}{m} = \frac{M'B}{n} = \frac{M'A - M'B}{m-n} = \frac{AB}{m-n}$$

d'où
$$M'A = \frac{m}{m-n} \times AB$$

donc le point M' doit être à une distance du point A vers la droite égale à $\frac{m}{m-n} \times AB$ : ce point existe parce que $\frac{M}{m-n} \times AB$ est plus grand que AB, et il est seul.

Donc il y a deux points M et M' et rien que deux sur xy, dont le rapport des distances aux points A et B a pour valeur $\frac{m}{n}$

**Remarque.** — Les deux points M et M' sont situés à la droite du point O, milieu de AB, car $\frac{m}{m+n} > \frac{1}{2}$ puisque m > n. Ces deux points seraient situés tous deux à la gauche de ce point O si nous supposions $\frac{m}{n} < 1$.

**Définitions.** — Lorsque trois points A, B, C, sont en ligne droite, les distances de l'un de ces points A aux deux autres s'appellent des *segments* de la portion de droite BC.

Chacun des deux points M M' partage A B en segments proportionnels aux nombres m, n. — Pour distinguer les deux points l'un et l'autre, on dit que les deux segments déterminés par le point M sont *additifs*, et que les segments que détermine M' sont *soustractifs*, en rappelant ainsi que dans le premier cas c'est la somme des deux segments qui reproduit AB, tandis que dans le second cas c'est leur différence.

Il faut remarquer que les points A et B partagent aussi MM' en même rapport, car on a ;

$$\frac{MA}{MB} = \frac{M'A}{M'B}$$ et on en déduit $$\frac{AM}{AM'} = \frac{BM}{BM'}$$ en intervertissant l'ordre des moyens.

### Application numerique I.

*La distance de deux points A, B, étant 30ᵐ, calculer leurs distances aux points qui partagent la portion de droite AB dans le rapport de 4 à 5.*

I° Soit C le point qui partage AB en segments additifs tels que :

$$\frac{CA}{CB} = \frac{4}{5}$$

on en conclut :

$$\frac{CA}{4} = \frac{CB}{5} = \frac{CA + CB}{4 + 5} = \frac{30}{9} = \frac{10}{3}$$

donc :

$$CA = \frac{4 \times 10}{3} \quad \text{ou} : CA = 13^m + \frac{1}{3}$$

$$CB = \frac{5 \times 10}{3} \quad \text{ou} : CB = 16 + \frac{2}{3}$$

II° Soit D le point qui partage AB en segments soustractifs tels que :

$$\frac{DA}{DB} = \frac{4}{5}$$

on en conclut :

$$\frac{DA}{4} = \frac{DB}{5} = \frac{DB - DA}{5 - 4} = 30$$

donc :

$$DA = 30 \times 4 = 120^m$$

$$DB = 30 \times 5 = 150^m$$

## THÉORÈME II.

*Toute parallèle à l'un des côtés d'un triangle partage les deux autres côtés en segments proportionnels.*

Soit le triangle ABC coupé par la parallèle DE au côté BC, et prouvons la proportion.

$$\frac{DA}{DB} = \frac{EA}{EC}$$

A cet effet supposons une commune mesure entre DA et DB (afin d'évaluer le rapport de ces lignes) contenue 2 fois dans DB et 3 fois dans DA : le rapport $\dfrac{DA}{DB}$ vaudra donc $\dfrac{3}{2}$ ; par les points de division traçons des parallèles à BC et prouvons qu'elles partagent le coté AC en parties égales entre

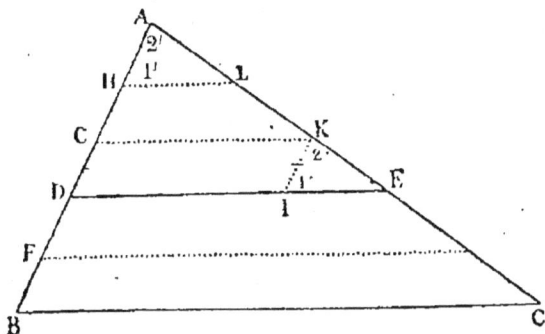

elles : — par exemple montrons que KE = AL.— Nous menons pour cela KI parallèle à AB, nous formons ainsi deux triangles égaux AHL, KIE, parce qu'ils ont un côté égal adjacent à deux angles égaux chacun à chacun : en effet KI = GD et GD = AH, puis les angles 1 et 2 sont respectivement égaux aux angles 1' 2' parce que les côtés de ces angles sont deux à deux parallèles et de même sens. Donc enfin KE = AL ; alors KE est une commune mesure entre EA et EC, par suite le rapport $\dfrac{EA}{EC}$ égale $\dfrac{3}{2}$ il est donc égal à $\dfrac{DA}{DB}$

**Remarque.** — Nous avons supposé que la parallèle DE à BC rencontrait les côtés eux-mêmes, mais il est évident, que cette hypothèse n'est pas nécessaire.

Ainsi dans le cas de la figure ci-dessous on aurait egalement

$$\frac{DA}{DB} = \frac{EA}{EC} \text{ et aussi } \frac{D'A}{D'B} = \frac{E'A}{E'C}$$

Nous avons établi  une des proportions qui résultent de

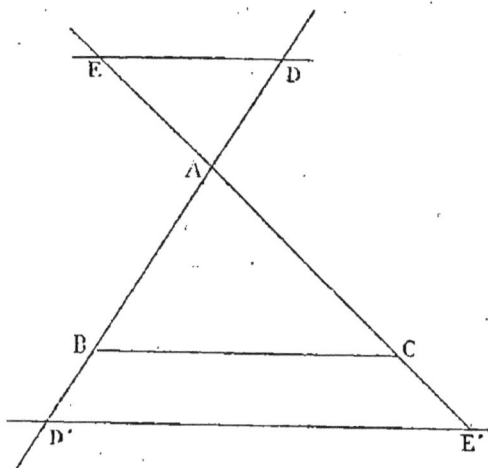

la figure, mais on démontrerait de la même façon les proportions suivantes :

$$\frac{DA}{AB} = \frac{EA}{AC}, \qquad\qquad \frac{DB}{AB} = \frac{EC}{AC} \text{ etc...}$$

**Corollaire.** — *Deux droites d'un même plan coupées par*

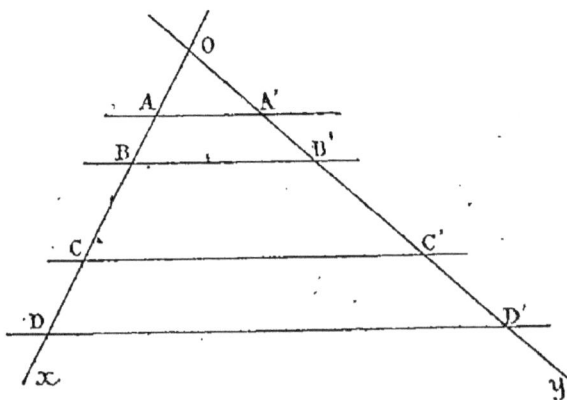

*des parallèles sont partagées en parties proportionnelles.*

Soit les droites OX, OY respectivement rencontrées par des parallèles aux points ABCD, A'B'C'D'.

Nous voulons prouver que l'on a :

$$\frac{AB}{A'B'} = \frac{BC}{B'C'} = \frac{CD}{C'D'}$$

En effet on a successivement, par l'application du théorème II :

$$\frac{AB}{A'B'} = \frac{OB}{OB'} = \frac{BC}{B'C'} = \frac{OC}{OC'} = \frac{CD}{C'D'}$$

## RÉCIPROQUE DU THÉORÈME II.

*Lorsqu'une droite partage deux côtés d'un triangle en segments de même espèce proportionnels, elle est parallèle au troisième côté.*

Soit la droite DE qui partage les côtés en segments additifs proportionnels ; on a donc $\frac{DA}{DB} = \frac{EA}{EC}$. Prouvons que DE est parallèle à BC.

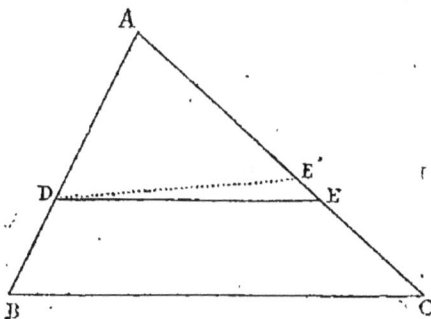

Pour cela traçons par D la parallèle à BC ; elle partagera AC en segments additifs E'A, E'C tels que $\frac{DA}{DB} = \frac{E'A}{E'C}$ : en rapprochant cette proportion de l'hypothèse nous voyons que $\frac{EA}{EC} = \frac{E'A}{E'C}$, donc les points E et E' coïncident puisqu'ils sont tous deux entre A et C (théorème I).

**Corollaire.** — *La droite qui joint les milieux de deux côtés d'un triangle est parallèle au troisième côté.*

**Applications.** — **I.** — *Construire les deux points qui partagent une portion de droite donnée en segments proportionnels à deux longueurs données.*

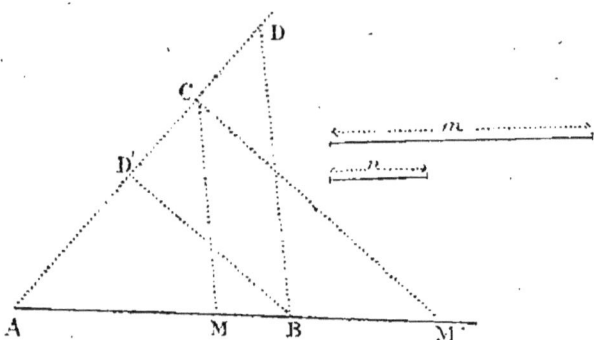

Soit la portion de droite AB et les deux longueurs $m$, $n$ : traçons par le point A une direction arbitraire sur laquelle nous portons AC $= m$ et CD $=$ CD$' = n$ ; joignons le point B aux points D, D$'$ et menons par C les parallèles CM, CM$'$ à ces droites ; elles viennent rencontrer AB aux points cherchés M, M$'$.

En effet CM parallèle au côté BD du triangle ABD donne $\dfrac{MA}{MB} = \dfrac{CA}{CD} = \dfrac{m}{n}$ (théorème II) et la droite CM$'$ parallèle au côté BD$'$ du triangle ABD$'$ donne de même

$$\frac{M'A}{M'B} = \frac{CA}{CD'} = \frac{m}{n}.$$

**II.** — *Partager une portion de droite donnée en parties proportionnelles à des longueurs données.*

Soit à partager la portion de droite AB en quatre parties proportionnelles aux longueurs données $a$, $b$, $c$, $d$, c'est-à-dire trouver des longueurs $x$, $y$, $z$, $t$ dont la somme égale AB et telles que l'on ait

$$\frac{x}{a} = \frac{y}{b} = \frac{z}{c} = \frac{t}{d}.$$

A cet effet, traçons par A une direction arbitraire AZ et portons à partir du point A à la suite les unes des autres.

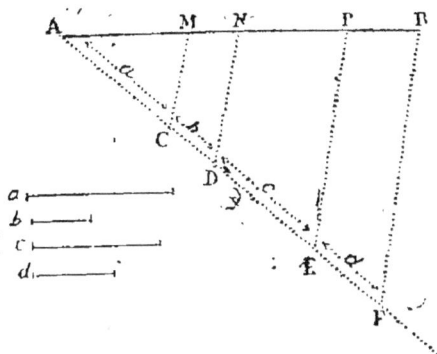

les longueurs données *a, b, c, d* : joignons FB ; en traçant les parallèles à cette ligne par les points C, D, E, elles viendront couper AB aux points cherchés, car l'on aura (Corollaire du théorème II) :

$$\frac{AM}{a} = \frac{MN}{b} = \frac{NP}{c} = \frac{PB}{d}.$$

**III.** — *Partager une portion de droite donnée en parties égales.*

Ce problème est évidemment un cas particulier du précédent, il correspond au cas où les longueurs données sont égales entre elles.

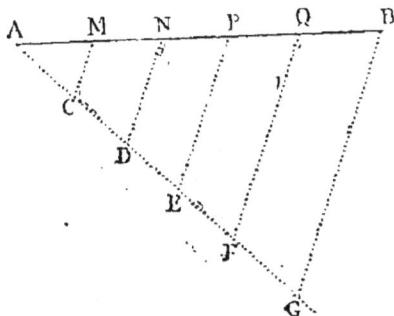

Soit à partager AB en cinq parties égales, nous portons à

partir du point A, sur une direction arbitraire AZ, cinq longueurs égales entre elles mais arbitraires, nous joignons au point B le dernier point G ainsi obtenu, et nous traçons des parallèles à GB par les autres points : elles viennent partager AB en cinq parties égales entre elles.

**IV.** — *Construire la quatrième proportionnelle aux trois longueurs données a, b, c.*

Par définition cela veut dire trouver une longueur $x$ qui satisfasse à la proportion : $\dfrac{a}{b} = \dfrac{c}{x}$ .

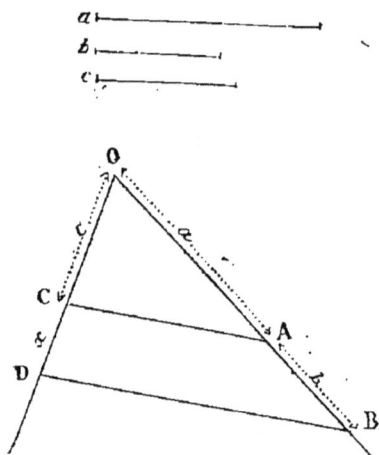

(Il faut remarquer que l'on doit conserver dans l'écriture de cette proportion l'ordre donné par l'énoncé pour les longueurs $a$, $b$, $c$.)

Nous traçons deux directions arbitraires concourantes en O, sur l'une nous portons à partir du point O les longueurs OA, AB respectivement égales à $a$, $b$, et sur l'autre nous prenons OC $= c$, nous traçons AC et nous menons BD parallèle à AC : le segment CD répond à la question.

En effet AC parallèle à BD dans le triangle ABD donne :

$$\frac{OA}{AB} = \frac{OC}{CD} \quad \text{ou} \quad \frac{a}{b} = \frac{c}{CD} \quad \text{donc } CD = x.$$

**Remarque.** S'il arrive que les longueurs *b* et *c* soient égales entre elles, la quatrième proportionnelle aux longueurs *a*, *b*, *c*, s'appelle la *troisième proportionnelle* aux longueurs *a*, *b* : la construction de cette troisième proportionnelle résulte donc de cette application.

## THÉORÈME III.

*La bissectrice d'un angle intérieur ou extérieur d'un triangle partage le côté opposé en segments proportionnels aux côtés adjacents.*

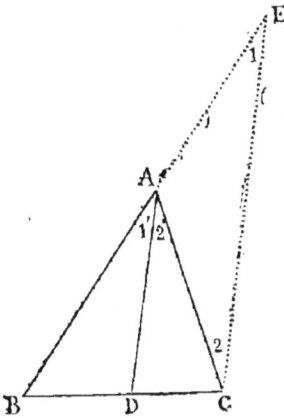

Soit la bissectrice AD de l'angle intérieur BAC; nous voulons prouver que les segments DB, DC déterminés par le point D sur BC sont proportionnels aux côtés adjacents AB, AC, c'est-à-dire que l'on a la proportion

$$\frac{DB}{DC} = \frac{AB}{AC}$$

En effet, menons CE parallèle à AD, nous aurons (théorème II) dans le triangle ACE :

$$\frac{DB}{DC} = \frac{AB}{AE}$$

en comparant cette proportion à celle qu'il faut prouver, nous voyons que tout revient à montrer que AC = AE. Or les angles 1, 2 de ce triangle sont respectivement égaux aux angles 1' 2' (théorème XXI, livre I), donc ils sont égaux entre eux, et le triangle est isocèle (théorème X, livre I).

**Remarque.** — Nous avons supposé dans cette démonstration que la bissectrice était relative à un angle intérieur :

la démonstration serait absolument la même dans le cas de l'angle extérieur CAF', et on aura la proportion

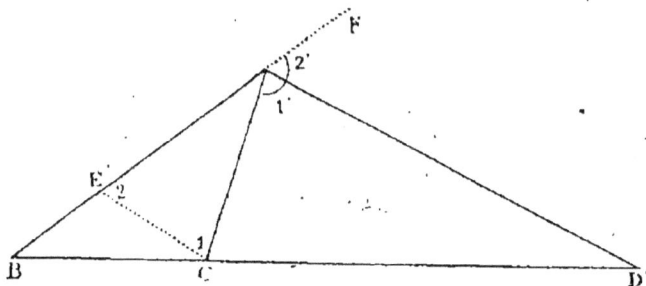

$$\frac{D'B}{D'C} = \frac{AB}{AC}$$

en traçant la parallèle CE' à AD', et prouvant que le triangle AE'C est isocèle.

## RÉCIPROQUE DU THÉORÈME III.

*Si une droite, issue d'un sommet d'un triangle, partage le côté opposé en segments proportionnels aux deux autres côtés, elle est bissectrice de l'un des angles formés par ces côtés.*

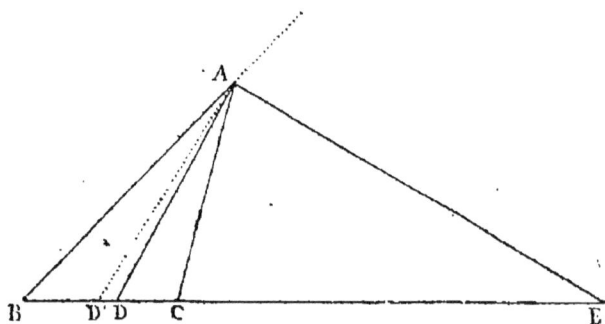

Soit la droite AD qui partage le côté BC en deux segments additifs DB, DC tels que $\frac{DB}{DC} = \frac{AB}{AC}$, je dis qu'elle est bissectrice à l'angle intérieur BAC. — En effet, traçons la bissectrice AD' de l'angle BAC, le point D' sera tel que

$$\frac{D'B}{D'C} = \frac{AB}{AC}$$

On a donc, par suite de l'hypothèse : $\frac{D'B}{D'C} = \frac{DB}{DC}$, donc les deux points D, D' coïncident puisqu'ils sont tous deux entre B et C (théorème I).

De même on prouverait que si la droite AE partage le côté BC en deux segments soustractifs EB, EC tels que $\frac{EB}{EC} = \frac{AB}{AC}$, elle est bissectrice de l'angle extérieur CAF.

## Application numérique II.

*Un triangle ABC a pour longueur de ses côtés :*
$$a = 25^m \ b = 17^m \ c = 15^m$$

*On trace les bissectrices des deux angles au point A et on demande la distance des points D.E où elles rencontrent le côté BC.*

On a, d'après le théorème III, les deux suites de rapports égaux.

$$\frac{DB}{15} = \frac{DC}{17} = \frac{25}{32}$$
$$\frac{EB}{15} = \frac{EC}{17} = \frac{25}{2}$$

donc :

$$DE = DB + EB = \frac{25 \times 15}{32} + \frac{25 \times 15}{2}$$

ou :

$$DE = 25 \times 15 \left( \frac{1 + 16}{32} \right)$$

$$DE = \frac{25 \times 15 \times 17}{32} = \frac{6375}{32}$$

Calculons cette valeur à $0^m,01$ près, en remarquant qu'on peut l'obtenir exactement avec cinq chiffres décimaux :

$$
\begin{array}{l|l}
637500 & 32 \\
\phantom{6}317 & \overline{199,21} \\
\phantom{6}295 & \\
\phantom{63}70 & \\
\phantom{63}60 & \\
\phantom{63}28 & \\
\end{array}
$$

donc, à $0^m,01$ près par excès la distance DE égale $199^m,22$.

**Applications.** — **I.** — *Quel est le lieu géométrique des points d'un plan dont le rapport des distances à deux points fixes de ce plan a une valeur donnée.*

Soit A,B les deux points fixes, et $\dfrac{m}{n}$ la valeur donnée,

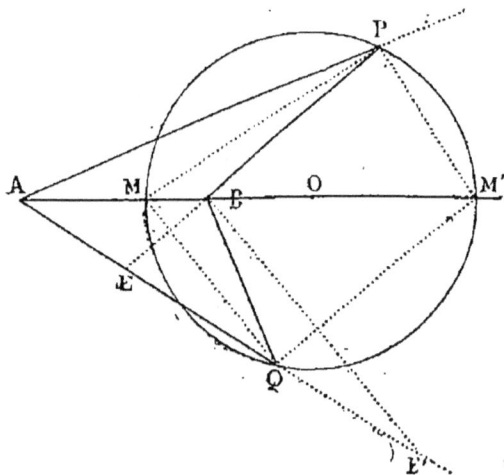

nous connaissons déjà deux points M, M' du lieu situé sur la direction AB (théorème I) : supposons ces points cons-truits, on aura donc $\dfrac{MA}{MB} = \dfrac{M'A}{M'B} = \dfrac{m}{n}$

Soit P un point quelconque du lieu, c'est-à-dire tel que $\frac{PA}{PB} = \frac{m}{n}$, nous aurons les proportions :

$$\frac{MA}{MB} = \frac{PA}{PB} \text{ et } \frac{M'A}{M'B} = \frac{PA}{PB}$$

desquelles il résulte (Réciproque du théorème III) que les droites PM, PM' sont les bissectrices des angles formés par PA et PB ; donc l'angle MPM' est droit et par suite tout point P du lieu est situé sur la circonférence décrite sur MM', comme diamètre. — Si donc nous prouvons que tout point Q de cette circonférence est un point du lieu, il sera démontré que cette circonférence est le lieu géométrique cherché.

Donc il nous reste à prouver que pour un point quelconque Q de cette circonférence on a la proportion $\frac{QA}{QB} = \frac{m}{n}$, ou bien encore $\frac{QA}{QB} = \frac{MA}{MB}$. A cet effet nous traçons les droites QM, QM' auxquelles nous menons les parallèles BE', BE : le triangle ABE rencontré par QM' parallèle à BE donne $\frac{QA}{QE} = \frac{M'A}{M'B}$ : et de même le triangle ABE rencontré par la parallèle QM à BE' donne $\frac{QA}{QE'} = \frac{MA}{MB}$ : en rapprochant ces deux résultats nous voyons que QE = QE'; or l'angle MQM' est droit, donc il en est de même de l'angle EBE' et par suite le point Q, milieu de EE' est à égale distance des trois points E, B, E'; donc QE' = QB et la dernière proportion peut s'écrire $\frac{QA}{QB} = \frac{MA}{MB}$. C'est précisément ce qu'il fallait prouver.

Ainsi : *le lieu géométrique cherché est une circonférence qui a son centre sur la direction des deux points fixes*, et comme on sait construire les deux points du lieu qui sont situés sur cette direction, on sait aussi construire la circonférence qui répond à la question.

**II.** — *Quel est le lieu géométrique des points d'où*

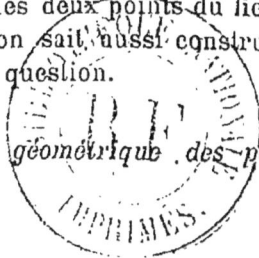

6

*l'on voit sous le même angle deux segments additifs d'une même portion de droite.*

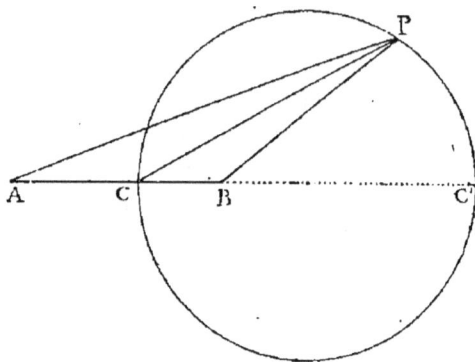

Soit la portion de droite AB et les deux segments CA, CB. Soit P un point duquel on voit sous le même angle les deux segments, c'est-à-dire tel que PC soit bissectrice de l'angle APB. On aura donc $\dfrac{PA}{PB} = \dfrac{CA}{CB}$ et ce rapport est constant ; réciproquement si pour un point P du plan on a

$$\frac{PA}{PB} = \frac{CA}{CB},$$

ce point sera un point du lieu, puisque nous savons (Réciproque du théorème III) que PC sera bissectrice de l'angle intérieur APB. — Donc le lieu cherché est le même que le lieu géométrique des points du plan dont le rapport des distances aux deux points donnés A,B a pour valeur $\dfrac{CA}{CB}$.

Il en résulte qu'en prenant le point C' tel que $\dfrac{C'A}{C'B} = \dfrac{CA}{CB}$, la circonférence ayant pour diamètre CC' sera le lieu cherché.

**III.** — *Construire un triangle connaissant un côté l'angle opposé et le rapport des côtés qui comprennent cet angle.*

Soit AB le côté donné, nous décrivons sur AB comme corde le segment capable de l'angle donné : Nous prenons

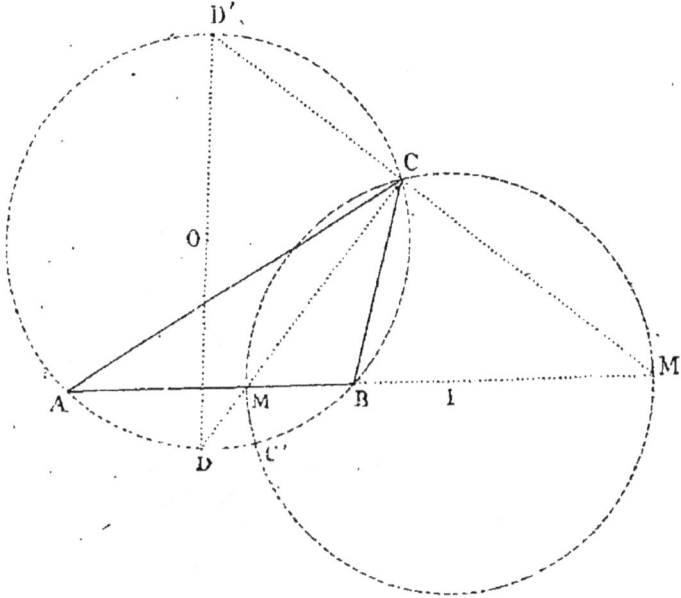

les deux points M, M' qui partagent AB en segments dont le rapport égale le rapport donné et nous décrivons la circonférence de diamètre MM' : elle coupera la première circonférence en deux points CC' dont un seul répond à la question, celui qui est situé sur l'arc du segment capable de l'angle donné.

On peut encore dire que le point C est situé au point de rencontre de la première circonférence avec les droites qui joignent les points M, M' aux milieux D, D' des arcs sous-tendus par AB.

## § II. — Similitude (1).

**Définition**. — On dit que deux polygones sont semblables lorsqu'ils ont : 1° les angles égaux chacun à chacun ; 2° les côtés homologues proportionnels.

(1) SIMILITUDE, du latin *similitudo*, ressemblance.

On appelle côtés *homologues* (1) ceux qui sont adjacents à des angles égaux chacun à chacun.

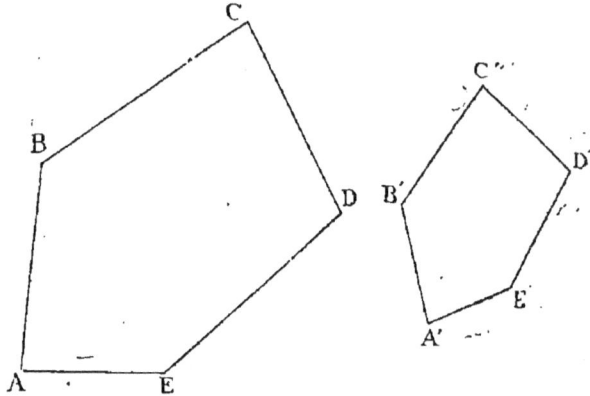

Par exemple, si les polygones ABCDE, A'B'C'D'E' sont tels : 1° que les angles $\widehat{A}$, $\widehat{B}$, $\widehat{C}$, $\widehat{D}$, $\widehat{E}$ de l'un soient respectivement égaux aux angles $\widehat{A'}$, $\widehat{B'}$, $\widehat{C'}$, $\widehat{D'}$, $\widehat{E'}$ de l'autre ; et 2° que l'on ait la suite des rapports égaux

$$\frac{AB}{A'B'} = \frac{BC}{B'C'} = \frac{CD}{C'D'} = \frac{DE}{D'E'} = \frac{EA}{E'A'},$$

on dira que ces polygones sont semblables.

On appelle *rapport* de *similitude* de deux polygones semblables le rapport des longueurs des deux côtés homologues.

L'égalité de deux figures planes est un cas particulier de la similitude : *elle correspond au cas où le rapport de similitude vaut l'unité.* — En effet dire que le rapport de deux lignes est 1, c'est dire qu'elles sont égales : donc, dans ce cas particulier, les deux polygones ont leurs angles égaux chacun à chacun ainsi que les côtés homologues, ils peuvent donc coïncider. — *Deux figures semblables sont égales lorsqu'elles ont un côté homologue égal.*

(1) HOMOLOGUE, du grec ὁμολόγος (analogue), ὅμος, semblable, λόγος, discours.

## THÉORÈME IV.

*Les périmètres* (1) *de deux polygones semblables sont dans le rapport de deux côtés homologues.*

En effet si l'on représente par $a,b,c,d,e,$ les longueurs des côtés de l'un des polygones, par $a'b'c'd'e'$ les longueurs des côtés de l'autre, homologues des premiers, on aura, d'après une propriété d'une suite de rapports égaux :

$$\frac{a}{a'} = \frac{b}{b'} = \frac{c}{c'} = \frac{d}{d'} = \frac{e}{e'} = \frac{a+b+c+d+e}{a'+b'+c'+d'+e'}$$

Le théorème est donc démontré, puisque les termes du dernier rapport sont les périmètres des polygones.

## THÉORÈME V.

*Toute parallèle à l'un des côtés d'un triangle forme avec les deux autres côtés un triangle semblable au premier.*

Soit la parallèle $B'C'$ au côté $BC$, je veux prouver que le

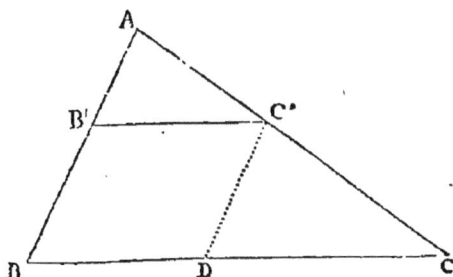

triangle $AB'C'$ est semblable au triangle $ABC$ : j'ai donc à prouver d'abord que les angles de ces triangles sont égaux

(1) PÉRIMÈTRE, du grec περίμετρος (sous-entendu γραμμή, contour, circonférence), περί, autour ; μέτρον, mesure.

6.

chacun à chacun, ce qui est évident ; puis j'ai à montrer que les côtés homologues sont proportionnels, c'est-à-dire que l'on a : $\dfrac{AB'}{AB} = \dfrac{AC'}{AC} = \dfrac{B'C'}{BC}$.

Or les deux premiers rapports sont égaux par suite du théorème II, il reste donc à prouver, par exemple, que $\dfrac{AC'}{AC} = \dfrac{B'C'}{BC}$ ; pour cela menons C'D parallèle à AB, BD sera égal à B'C' (portions de parallèles comprises entre parallèles) et d'après le théorème II on aura $\dfrac{AC'}{AC} = \dfrac{BD}{BC}$ donc $\dfrac{AC'}{AC} = \dfrac{B'C'}{BC}$. Les triangles ABC.AB'C' sont donc bien semblables.

**Remarques.— I.** — Nous avons supposé dans la figure

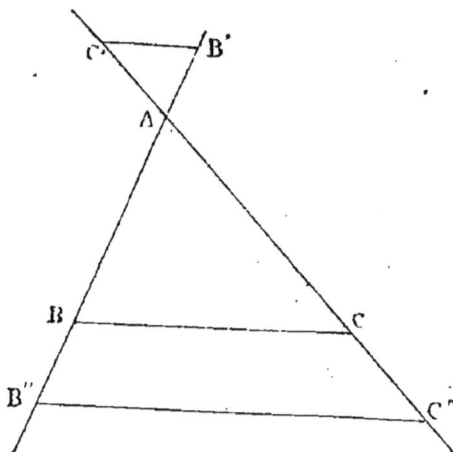

précédente que la parallèle B'C' coupait les côtés eux-mêmes ; mais cette restriction n'est nullement nécessaire.

On démontrerait exactement de la même façon sur la figure ci-dessus la similitude des triangles AB'C',ABC, et AB"C",ABC.

**II.** — Le théorème IV est le théorème qui va nous servir à établir des cas de similitude particuliers aux triangles.

### Application numérique III.

On prolonge les côtés non parallèles AA', BB' d'un trapèze jusqu'à leur rencontre O; calculer les longueurs OA, et OB, connaissant les longueurs des côtés du trapèze :

$$AA' = 20, \quad BB' = 12, \quad AB = 40, \quad A'B' = 15.$$

Traçons par A' la parallèle au côté BB' qui rencontre AB en C; nous formons ainsi deux triangles semblables, AA'C, AOB qui donnent :

$$\frac{OA}{20} = \frac{OB}{12} = \frac{AB}{40-15}$$

donc :

$$OA = 20 \times \frac{40}{25} = 32$$

$$OB = 12 \times \frac{40}{25} = 19,2$$

### THÉORÈME VI (1er cas de similitude).

Deux triangles sont semblables lorsqu'ils ont deux angles égaux chacun à chacun.

Soit donc ABC, A'B'C' deux triangles dans lesquels les angles A, B, sont respectivement égaux aux angles A', B'. Nous prenons AB'' = AB' et nous traçons B''C'' parallèle à BC; le triangle AB''C'' est semblable à ABC (théorème V), il suffit donc de prouver que AB''C'' est égal à AB'C' : en effet ces triangles ont un côté égal adjacent à deux angles égaux chacun à chacun, car les angles A et A' sont égaux

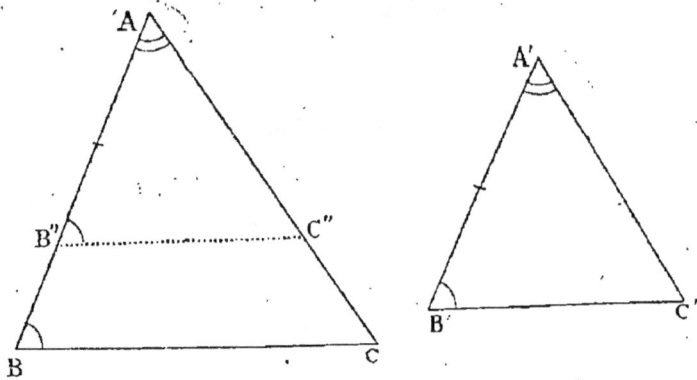

par hypothèse et les angles B' et B'' tous deux égaux à B sont égaux entre eux.

**Corollaire.** — *Deux triangles rectangles qui ont un angle aigu égal sont semblables.*

### THÉORÈME VII (2e cas de similitude).

*Deux triangles sont semblables lorsqu'ils ont un angle égal compris entre côtés proportionnels.*

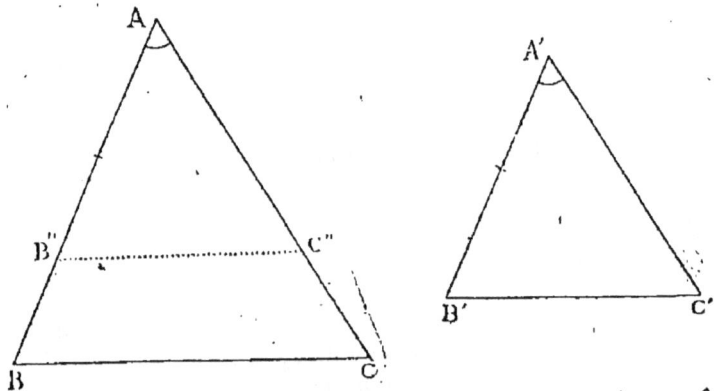

Soit les triangles ABC, A'B'C' dans lesquels $\widehat{A} = \widehat{A'}$ et $\dfrac{A'B'}{AB} = \dfrac{A'C'}{AC}$ . Je dis qu'ils sont semblables.

En effet, prenons $AB'' = A'B'$ et menons $B''C''$ parallèle à BC ; nous formerons un triangle $AB''C''$ semblable à ABC (théorème **V**) il suffit donc de prouver l'égalité des triangles $AB''C''$, $A'B'C'$ : or ils ont un angle égal compris entre côtés égaux chacun à chacun, car, $B''C''$ étant parallèle à BC, on a $\dfrac{AB''}{AB} = \dfrac{AC''}{AC}$ mais $AB'' = A'B'$ et $\dfrac{A'B'}{AB} = \dfrac{A'C'}{AC}$ ; donc $\dfrac{A'C'}{AC} = \dfrac{AC''}{AC}$ donc $A'C' = AC''$

## THÉORÈME VIII.

*Deux triangles rectangles sont semblables lorsqu'ils ont deux côtés proportionnels.*

Si les deux côtés comprennent l'angle droit, la proposi-

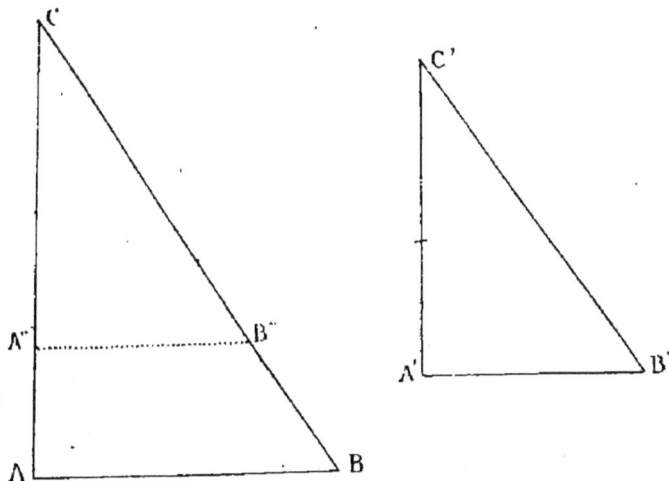

tion est démontrée (Théorème VII). Supposons donc l'autre cas : Soit les triangles rectangles ABC.A'B'C' dans lesquels on a $\dfrac{A'C'}{AC} = \dfrac{B'C'}{BC}$ .

Prenons $CA'' = C'A'$ et traçons $A''B''$ parallèle à AB, il suffira de prouver l'égalité des triangles rectangles A'B'C' A''B''C : or ces triangles rectangles ont deux côtés égaux ;

en effet, on a $\dfrac{CA''}{CA} = \dfrac{CB''}{CB}$, et $CA'' = A'C'$ : en comparant cette proportion à celle qu'on nous accorde, il en faut donc conclure $CB'' = B'C'$.

### THÉORÈME IX (3ᵉ *cas de similitude*).

*Deux triangles sont semblables lorsqu'ils ont les trois côtés proportionnels.*

Soit les triangles ABC, A'B'C' dans lesquels on a :

$$\frac{A'B'}{AB} = \frac{A'C'}{AC} = \frac{B'C'}{BC}$$

Prouvons qu'ils sont semblables.

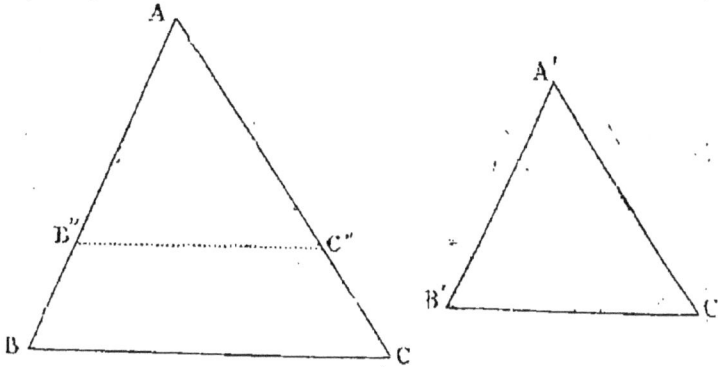

A cet effet, prenons $AB'' = A'B'$ et traçons $B''C''$ parallèle à BC, le triangle $AB''C''$ sera semblable au triangle ABC, et il suffira de prouver que les triangles $AB''C''$, A'B'C' sont égaux. Or, ces triangles ont les trois côtés égaux chacun à chacun, car la similitude des triangles $AB''C''$, ABC donne :

$$\frac{AB''}{AB} = \frac{AC''}{AC} = \frac{B''C''}{BC},$$

et si nous rapprochons cette suite de rapports égaux de celles qui nous est accordée, comme $AB'' = A'B'$ par construction, nous en concluons que les six rapports sont égaux entre eux : donc ceux de ces rapports qui ont même dénominateur ont leurs numérateurs égaux, et par suite $AC'' = A'C'$ et $B''C'' = B'C'$.

## THÉORÈME X.

*Deux triangles sont semblables lorsqu'ils ont leurs côtés parallèles ou perpendiculaires.*

Nous allons prouver que dans chacun des deux cas énoncés les triangles ont leurs angles égaux chacun à chacun ; ils seront donc semblables (Théorème VI).

Soit en effet A,B,C, les angles de l'un des triangles dont les côtés sont respectivement parallèles ou perpendiculaires aux côtés des angles A',B',C', de l'autre triangle.

Nous savons que deux angles dont les côtés sont parallèles ou perpendiculaires sont égaux ou supplémentaires : donc chacun des angles A,B,C, ne peut être que : égal ou supplémentaire à l'angle correspondant de l'autre triangle, par suite il ne peut se présenter que les quatre cas suivants :

1° Chacun des angles A,B,C, est supplémentaire de l'angle qui lui correspond dans l'autre triangle, mais alors la somme des six angles vaudrait six droits, et nous savons d'autre part qu'elle vaut quatre droits, donc cette hypothèse est inadmissible ;

2° Deux des angles A,B,C, sont supplémentaires de deux des angles A',B',C', les troisièmes angles étant égaux : hypothèse à rejeter encore, puisque quatre des six angles auraient déjà une somme égale à quatre droits.

3° Un des angles A,B,C, est supplémentaire de l'un des angles A',B',C, les deux autres angles étant égaux chacun à chacun : alors les triangles ont leurs trois angles égaux chacun à chacun et ils sont rectangles.

4° Les angles A,B,C, sont respectivement égaux aux angles A,'B',C'.

Il faut donc en définitive que les triangles aient leurs trois angles égaux chacun à chacun, donc ils sont semblables.

## THÉORÈME XI.

*Deux polygones semblables sont décomposables en un même nombre de triangles semblables chacun à chacun et semblablement placés.*

Soit les polygones semblables ABCDEF, A'B'C'D'E'F', traçons les diagonales issues des sommets homologues A et A', et prouvons que les triangles ainsi formés sont deux à deux semblables :

1° ABC et A'B'C' sont semblables parce qu'ils ont un angle égal compris entre côtés proportionnels, car

$$\widehat{B} = \widehat{B'}$$

et l'on a par hypothèse

$$\frac{AB}{A'B'} = \frac{BC}{B'C'}$$

2° ACD et A'C'D' sont semblables parce qu'ils ont un angle égal compris entre côtés proportionnels, car de la similitude des triangles précédents on déduit l'égalité des angles $\widehat{BCA}$, $\widehat{B'C'A'}$ et comme les angles C et C' des polygones sont égaux par hypothèse, les angles ACD A'C'D' seront aussi égaux ; de cette même similitude on déduit :

$$\frac{AC}{A'C'} = \frac{BC}{B'C'} \text{ mais on accorde } \frac{BC}{B'C'} = \frac{CD}{C'D'} \text{ donc } \frac{AC}{A'C'} = \frac{CD}{C'D'}.$$

3° ADE et A'D'E' sont semblables pour les mêmes raisons que les triangles précédents, ainsi que AEF et A'E'F'.

## RÉCIPROQUE DU THÉORÈME XI.

*Deux polygones sont semblables s'ils sont composés d'un même nombre de triangles semblables et semblablement placés.*

Soit les polygones ABCDEF, A'B'C'D'E'F' que nous supposons composés de triangles semblables ABC et A'B'C'

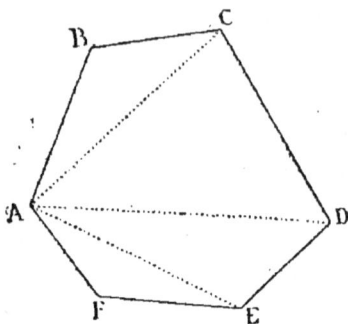

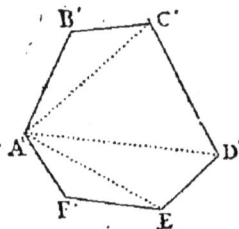

ACD et A'C'D', etc., placés de la même façon; prouvons que les polygones sont semblables.

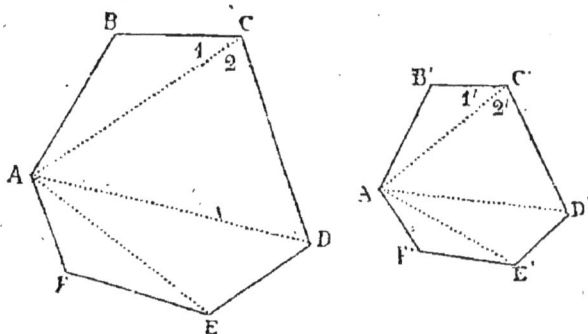

1° Les angles de ces polygones sont égaux chacun à chacun: par exemple l'angle $\widehat{C}$ égale l'angle $\widehat{C'}$ parce que les angles 1 2 sont respectivement égaux à 1' 2', puisque ces angles partiels sont homologues dans des triangles supposés semblables et placés de la même façon.

2° Les côtés homologues sont proportionnels: en effet les triangles ABC, A'B'C' semblables par hypothèse donnent:
$$\frac{AB}{A'B'}=\frac{BC}{B'C'}=\frac{AC}{A'C'}$$

les triangles ACD, A'C'D' donnent de même:
$$\frac{AC}{A'C'}=\frac{CD}{C'D'}=\frac{AD}{A'D'}$$

les triangles ADE, A'D'E' donnent aussi:
$$\frac{AD}{A'D'}=\frac{DE}{D'E'}=\frac{AE}{A'E'}$$

et ainsi de suite; donc on a la suite de rapports égaux:
$$\frac{AB}{A'B'}=\frac{BC}{B'C'}=\frac{CD}{C'D'}=\frac{DE}{D'E'}=\frac{EF}{E'F'}=\frac{FA}{F'A'}.$$

Les polygones remplissent donc bien les conditions de similitude.

**Application I.** — *Des directions concourantes intercep-*

7

tent *des parties proportionnelles sur deux droites paral-*
*lèles.*

Soit les parallèles XY, X'Y' rencontrées par les direc-

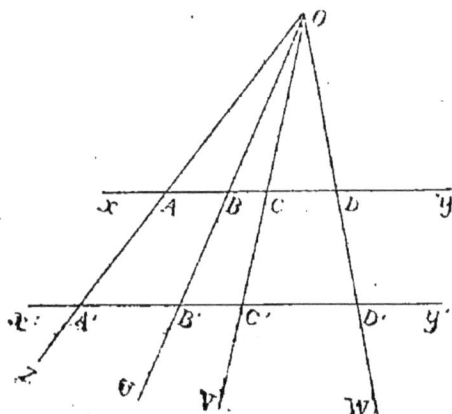

tions Z, U, V, W concourantes en O; les triangles semblables deux à deux, ainsi formés, donnent successivement:

$$\frac{AB}{A'B'} = \frac{OB}{OB'} = \frac{BC}{B'C'} = \frac{OC}{OC'} = \frac{CD}{C'D'}$$

donc les parties interceptées sur XY sont proportionnelles
aux parties interceptées sur X'Y'.

**Remarques I.** — Nous avons supposé dans les figures
précédentes que les parallèles coupaient les directions concourantes d'un même côté du point C, mais cette restriction
n'est pas nécessaire.

**II.** — On peut utiliser la propriété précédente pour partager une droite en parties proportionnelles à des longueurs
données, et aussi en parties égales, ou encore à la construction de la quatrième proportionnelle.

**Application II.** — *Les droites qui joignent les extré-*
*mités des rayons parallèles dans deux circonférences sont*
*concourantes.*

Deux cas à considérer, suivant que les rayons parallèles
sont de même sens ou de sens contraires:

1° Soit les rayons OM, O'M' parallèles et de même sens,

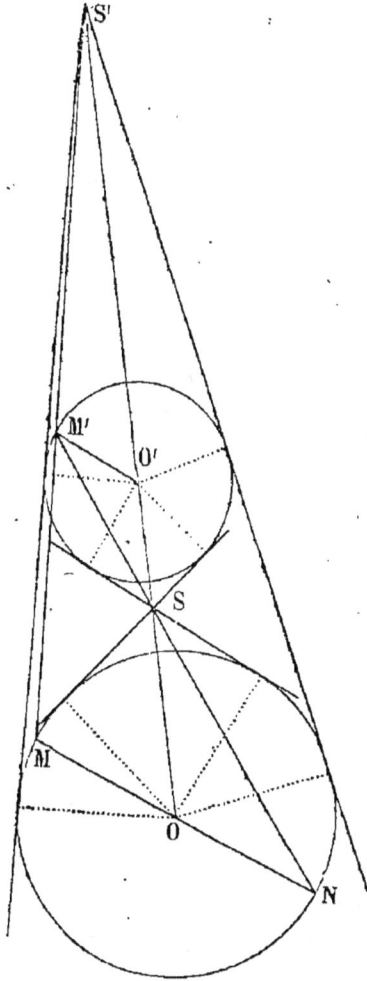

traçons MM' qui rencontre la ligne des centres en S' les triangles semblables S'OM, S'O'M' donnent:

$$\frac{S'O'}{S'O} = \frac{R'}{R}$$

le rapport des distances de ce point S' aux centres étant indépendant de la direction des rayons parallèles considé-

rés, et le point étant extérieur à OO', sa position est déterminée, et toutes les droites telles que MM' passeront par ce
point.

2° Soit les rayons ON O'M' parallèles, mais de sens contraires; nous prouverons de même que ci-dessus que le point
S où NM' rencontre OO' est fixe.

**Remarques I.** -- Les deux points fixes partagent la
portion de droite OO' en segments proportionnels aux rayons;
ils s'appellent les *centres de similitude* des deux circonférences: S' est le centre de similitude directe, S le centre de
similitude inverse.

**II.** — Par le point S' passent les deux tangentes communes extérieures et par le point S les deux tangentes communes intérieures : de là résulte un nouveau procédé de
construction des tangentes commnes à deux circonférences.

**III.** — De cette considé-
ration on déduit aussi un
nouveau moyen pour con-
struire les deux points qui
partagent une portion de
droite en segments proportionnels à deux longueurs
données m, n. Soit la portion
de droite AB : menons deux
directions arbitraires par les points A et B, sur lesquelles
nous portons AC = m, BD = BD' = n. Les droites CD, CD
viennent couper AB aux points cherchés M, M'.

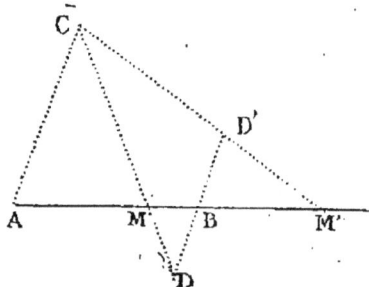

**Application III.** — *Construire un polygone semblable à un polygone donné, dont un côté ait une longueur
donnée.*

La construction résulte de la réciproque du théorème XI:
il suffit de composer un polygone avec des triangles semblables à ceux dans lesquels on décompose le polygone
donné, en les plaçant semblablement. On peut, par exemple,
exécuter la construction comme il suit:

Soit le polygone donné ABCDE, et soit *a* la longueur
donnée pour le côté homologue à AB; portons sur AB la

longueur $a$, soit AB', traçons par B' une parallèle à BC jusqu'en C' où elle rencontre AC, de C' traçons une parallèle

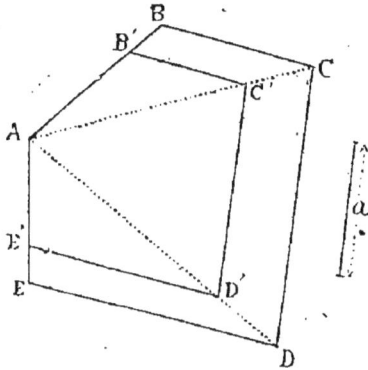

à CD jusqu'en D' où elle rencontre AD, et menons D'E' parallèle à DE: le polygone AB'C'D'E' répondra visiblement à
la question.

## § III. — Relations entre les côtés d'un triangle rectangle.

**Définitions**. — *La projection* (1) *d'un point sur une droite
est le pied de la perpendiculaire abaissée de ce point sur
cette droite.*

*La projection d'une portion de droite sur une direction
est la distance des projections des extrémités de cette portion de droite.*

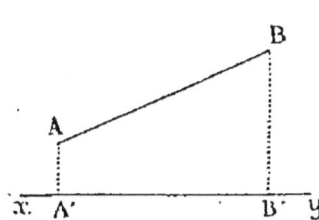

Ainsi, la projection de la portion de droite AB sur $xy$, est la
distance A'B' des projections
A',B' des extrémités de AB; il
faut remarquer que la projection A'B' est généralement plus
courte que AB; elle ne peut
l'égaler que si AB est parallèle à $xy$; elle se réduit à zéro
quand AB est perpendiculaire sur $xy$.

Les projections de AB sur des directions parallèles sont
égales.

(1) PROJECTION, du latin *projectionem* (jet en avant), *pro-
jicere*, lancer en avant.

*La moyenne* (1) *géométrique ou proportionnelle* entre deux longueurs $a$, $b$ est une longueur $x$ telle que l'on ait :

$$\frac{a}{x} = \frac{x}{b};$$

par suite $x^2 = ab$; donc la moyenne géométrique entre $a$ et $b$ est la racine carrée du produit $ab$.

## THÉORÈME XII.

*Dans un triangle rectangle :*

1° *Chaque côté de l'angle droit est moyenne géométrique entre l'hypoténuse et sa projection sur cette hypoténuse.*

2° *La perpendiculaire sur l'hypoténuse issue du sommet de l'angle droit est moyenne géométrique entre les deux segments de l'hypoténuse.*

(Il est sous-entendu que l'on s'est servi d'une même unité pour évaluer les longueurs dont il est question.)

Soit le triangle rectangle ABC, projetons le sommet A de l'angle droit sur l'hypoténuse en D.

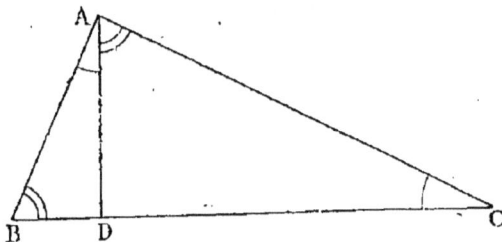

**1°** Nous voulons prouver que AB est moyenne géométrique entre BC et BD.

Considérons en effet les triangles rectangles ABD, ABC; ils ont un angle aigu commun, donc ils sont semblables : on a donc la proportion : $\dfrac{BD}{AB} = \dfrac{AB}{BC}$ (en prenant pour termes d'un même rapport les côtés opposés, dans ces triangles, aux angles égaux).

(1) MOYENNE, du latin *medianus* (moyen), *medius*, qui est au milieu.

Cette proportion exprime que AB est moyenne géométrique entre BC et BD.

De même on prouverait que AC est moyenne géométrique entre BC et CD.

**2°** Nous voulons prouver que AD est moyenne géométrique entre DB et DC.

En effet, les triangles ABD, ADC sont semblables parce qu'ils ont leurs côtés respectivement perpendiculaires, on a donc la proportion : $\dfrac{BD}{AD} = \dfrac{AD}{DC}$ (en prenant pour termes d'un même rapport les côtés de ces triangles perpendiculaires entre eux).

Cette proportion exprime que AD est moyenne géométrique entre BD et DC.

**Corollaires I.** — *Une corde d'une circonférence est moyenne géométrique entre le diamètre et sa projection sur le rayon qui passe par une de ses extrémités.*

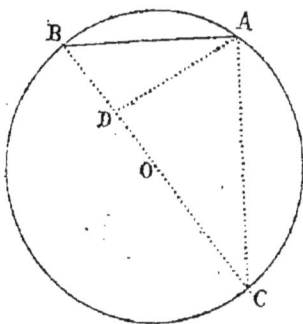

Soit la corde AB que nous projetons en BD sur OB; le triangle ABC est rectangle en A, donc AB est moyenne géométrique entre BC et BD.

**II.** — *La moitié d'une corde d'une circonférence est moyenne géométrique entre les deux segments qu'elle détermine sur le diamètre qui lui est perpendiculaire.*

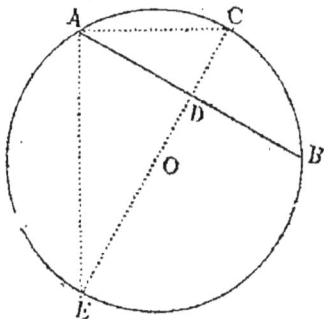

Soit le diamètre EOC perpendiculaire sur la corde AB, le point D est le milieu de AB, et le triangle C AE est rectangle en A : donc AD, moitié de AB, est moyenne géométrique entre DE et DC.

**III.** — *Le rapport des carrés des deux côtés de l'angle droit d'un triangle rectangle est égal au rapport des projections de ces côtés sur l'hypoténuse.*

Soit ABC un triangle rectangle dont le sommet A de

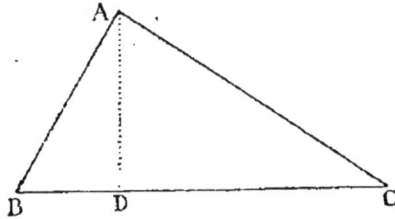

l'angle droit se projette en D sur l'hypoténuse. Nous avons prouvé dans la première partie de ce théorème que l'on a successivement :

$$\overline{AB}^2 = BC \times BD \qquad \overline{AC}^2 = BC \times CD$$

si donc nous divisons membre à membre ces deux égalités, nous aurons, en supprimant le facteur BC comme aux deux termes du deuxième membre :

$$\frac{\overline{AB}^2}{\overline{AC}^2} = \frac{BD}{CD}.$$

C'est ce qu'il fallait prouver.


### THÉORÈME XIII.

*Dans tout triangle rectangle, le carré de l'hypoténuse égale la somme des carrés des deux autres côtés.*

(Il est sous-entendu dans cet énoncé que les longueurs de ces trois côtés ont été évaluées à l'aide d'une même unité.)

Soit le triangle rectangle ABC dont le sommet A de l'angle droit se projette en D sur l'hypoténuse.

En appliquant le théorème XII nous avons les relations :

$$\overline{AB}^2 = BC \times BD$$

$$\overline{AC}^2 = BC \times CD$$

Ajoutons membre à membre, nous obtiendrons :

$$\overline{AB}^2 + \overline{AC}^2 = BC \times BD + BC \times CD.$$

Ce qui peut s'écrire :

$$\overline{AB}^2 + \overline{AC}^2 = (BD + DC) \times BC,$$

mais

$$BD + DC = BC,$$

donc enfin

$$\overline{AB}^2 + \overline{AC}^2 = \overline{BC}^2.$$

**Corollaires I.** — *Le carré construit sur l'hypoténuse d'un triangle rectangle est la somme des carrés construits sur les deux autres côtés.*

Nous verrons en effet plus loin que l'aire d'un carré s'évalue en faisant le carré du nombre qui exprime la mesure de son côté ;

C'est donc simplement une autre façon d'énoncer le théorème XIII.

**II.** — *Connaissant les longueurs de deux côtés d'un triangle rectangle on peut évaluer le troisième côté.*

D'abord soit $b$, $c$ les longueurs des côtés de l'angle droit la longueur $a$ de l'hypoténuse sera liée à celle-ci par l'égalité

$$a^2 = b^2 + c^2,$$

d'où, par définition :

$$a = \sqrt{b^2 + c^2}.$$

Soit ensuite $a$ et $b$ les longueurs de l'hypoténuse et de

7.

l'un des côtés de l'angle droit, la longueur $c$ de l'autre côté sera liée à celle-ci par l'égalité

$$a^2 = b^2 + c^2, \quad \text{d'où} : c^2 = a^2 - b^2, \quad \text{d'où enfin} :$$

$$c = \sqrt{a^2 - b^2}.$$

On est donc ramené ainsi dans les deux cas à des calculs que l'on sait effectuer.

### Application numérique IV.

*L'hypoténuse d'un triangle rectangle vaut $14^m$ et un aigu vaut 60° : calculer les côtés de l'angle droit, leurs projections sur l'hypoténuse, la troisième hauteur et le rayon du cercle inscrit.*

Soit A le sommet de l'angle droit, et B celui de l'angle de 60° : suivent $a$, $b$, $c$, les longueurs, en mètres, des côtés opposés aux angles $\widehat{A}, \widehat{B}, \widehat{C}$.

I. Nous remarquons d'abord que le côté $c$ vaut la moitié de $a$, car en appelant O le milieu de BC, qui est le centre de la circonférence circonscrite à ABC, le triangle OAB est isocèle, puisque OA = OB, et de plus équilatéral, puisque l'un de ses angles vaut 60°, donc : $c = 7^m$. Pour évaluer le côté $b$, nous nous servons de la relation :

$$a = b^2 + c^2$$

d'où nous tirons, puisque $c = \dfrac{a}{2}$ :

$$b^2 = a^2 - \frac{a^2}{4}, \quad \text{ou} : \quad b = \frac{a}{2}\sqrt{3}.$$

donc :

$$b = 7\sqrt{3}.$$

Or pour calculer $b$, il nous faut multiplier 7 par la racine carrée de 3 qui est un nombre incommensurable, c'est-à-dire ni entier, ni fractionnaire; nous ne pouvons avoir que des valeurs approchées de $\sqrt{3}$ : par exemple, prenons cette racine à 0,01 près, nous obtenons aisément :

$$1,73 < \sqrt{3} < 1,74$$

donc :

$$7 \times 1,73 < b < 7 \times 1,74$$

ou

$$12,11 < b < 12,18.$$

Il en résulte que chacun des deux nombres 12,11 et 12,18 représente $b$ avec une erreur moindre que 12,18 — 12,11, c'est-à-dire 0,07; donc a fortiori, 12,1 représente $b$ avec une erreur moindre que 0,1.

II. Pour obtenir les projections des côtés AB, AC sur BC, nous remarquons que la perpendiculaire AD à BC passe par le milieu D de OB, parce que le triangle OAB est équilatéral, donc :

$$BD = \frac{7}{2} \quad DC = \frac{3 \times 7}{2}$$

ou : projection de $\quad AB = 3^m,5$

projection de $\quad AC = 10^m,5$

III. La hauteur AD est la moitié de AC, parce que l'angle DAC vaut 60°, donc, a 1/2 décimètre près, la longueur de AD est représentée par 6,05. On obtiendrait encore ce résultat en appliquant la propriété :

$$\overline{AD}^2 = DB \times DC$$

ou :

$$AD = \sqrt{3,5 \times 10,5}$$

IV. Enfin le rayon $r$ de la circonférence inscrite a pour valeur :

$$r = \frac{a + b + c}{2} - a$$

car les points de contact de cette circonférence sur les côtés partagent ces côtés en six segments égaux deux a deux: or deux de ces segments sont égaux au rayon $r$, et les quatre autres ont pour somme le double de l'hypoténuse $a$; il en résulte :

$$r = \frac{a + \frac{a}{2} + \frac{a}{2}\sqrt{3}}{2} - a$$

ou :

$$r = \frac{a}{4}\left(\sqrt{3} - 1\right)$$

or,

$$1,73 < \sqrt{3} < 1,71$$

donc :

$$0,73 < \sqrt{3} - 1 < 0,74$$

ou :

$$3,5 \times 0,73 < r < 0,74 \times 3,5$$

on obtient ainsi 2,57 qui représente $r$ à 1/2 décimètre près.

**Remarque.**—Par des considérations analogues, on calculera les rayons des trois autres circonférences tangentes aux trois côtés du triangle considéré.

**Applications.**—**I.**—*Le carré d'un côté d'un triangle opposé à un angle aigu est égal à la somme des carrés des deux autres côtés, diminuée du double produit de l'un de ces côtés par la projection de l'autre sur celui-ci.*

Soit le côté AC opposé à l'angle

aigu $\widehat{B}$ : nous projetons, par exemple, le sommet A en D sur BC (on pourrait aussi projeter le sommet C sur AB), l'angle B étant aigu, ce point D sera du même côté de B que C, autrement dit : DC sera la différence entre BC et BD.

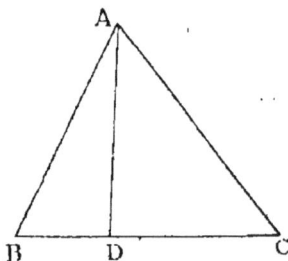

Dans le triangle rectangle ADC on a :

$$\overline{AC}^2 = \overline{AD}^2 + \overline{DC}^2$$

dans le triangle rectangle ADB, on a :

$$\overline{AD}^2 = \overline{AB}^2 - \overline{BD}^2$$

puis, comme $DC = BC - BD$, sur cette figure, on a, en élevant au carré cette différence :

$$\overline{DC}^2 = \overline{BC}^2 + \overline{BD}^2 - 2\,BC \times BD.$$

(Cette valeur de $\overline{DC}^2$ serait la même si on avait :

$$DC = BD - BC.)$$

En ajoutant membre à membre les égalités précédentes et en effectuant les réductions évidentes, il vient :

$$\overline{AC}^2 = \overline{AB}^2 + \overline{BC}^2 - 2\,BC \times BD.$$

C'est la relation qu'il fallait prouver.

**II.** — *Le carré d'un côté d'un triangle opposé à un angle obtus est égal à la somme des carrés des deux autres côtés, augmentée du double produit de l'un de ces côtés par la projection de l'autre sur celui-ci.*

Soit $AC$ opposé à l'angle obtus $\widehat{B}$ ; nous projetons, par exemple, le sommet A sur BC : Cette projection D et le point C seront situés de part et d'autre du point B, donc DC sera la somme des longueurs DB et BC.

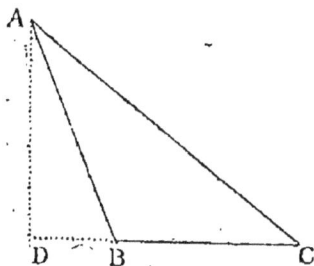

Le triangle rectangle ACD nous donne :

$$\overline{AC}^2 = \overline{AD}^2 + \overline{DC}^2.$$

Le triangle rectangle ADB donne :

$$\overline{AD}^2 = \overline{AB}^2 - \overline{BD}^2$$

et comme $DC = BC + BD$, en élevant au carré nous aurons :

$$\overline{DC}^2 = \overline{BC}^2 + \overline{BD}^2 + 2\,BC \times BD.$$

En ajoutant membre à membre ces trois égalités nous aurons, après des réductions évidentes :

$$\overline{AC}^2 = \overline{AB}^2 + \overline{BC}^2 + 2\,BC \times BD.$$

**Corollaires. — I.** — *Le carré d'un côté d'un triangle est plus petit ou plus grand que la somme des carrés des deux autres côtés suivant que l'angle qui lui est opposé est aigu ou obtus.*

D'où il résulte que *si le carré d'un côté d'un triangle égale la somme des carrés des deux autres, l'angle opposé est droit* puisqu'il ne peut être ni aigu ni obtus.

Ainsi se trouve démontrée la réciproque du théorème XIII.

**II.** — *Connaissant les trois côtés d'un triangle, calculer la projection d'un côté sur l'un des deux autres.*

Soit $a$, $b$, $c$, les longueurs données pour les côtés, et proposons-nous d'évaluer la projection $x$ du côté $b$ sur le côté $c$ ; suivant que l'angle opposé à $a$ sera aigu ou obtus on aura

$$a^2 = b^2 + c^2 - 2\,cx \qquad\qquad (1)$$

ou :
$$a^2 = b^2 + c^2 + 2\,cx \qquad\qquad (2).$$

Nous commençons donc par comparer $a^2$ à $(b^2 + c^2)$. Supposons, pour fixer les idées : $a^2 > b^2 + c^2$, alors l'angle opposé à $a$ est obtus : c'est l'égalité (2) qui existe entre les données et l'inconnue. Nous en tirons

$$2cx = a^2 - (b^2 + c^2)$$

d'où $x = \dfrac{a^2 - (b^2 + c^2)}{2\,c}$.

**III.** — *Connaissant les trois côtés d'un triangle calculer les hauteurs.*

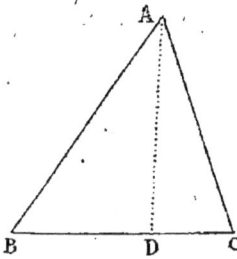

Soit par exemple à évaluer la hauteur AD issue du sommet A : comme nous savons calculer CD, projection du côté $b$ sur $c$, nous aurons dans le triangle ADC à calculer un côté de l'angle droit connaissant les deux autres côtés, ce que nous savons faire (théorème XIII).

**Application III.** — *Construire une moyenne géométrique entre deux longueurs données.*

Cette construction résulte des propriétés du triangle rectangle contenues dans le théorème XII.

Soit $m$, $n$, les deux longueurs données.

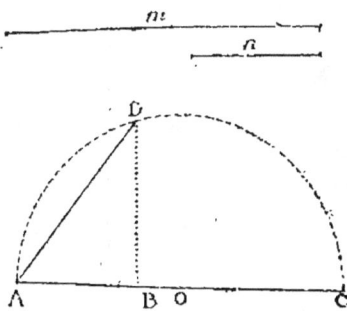

*Premier procédé.* Nous prenons sur une même direction et dans le même sens à partir du point A les longueurs AC et AB respectivement égales à $m$ et $n$. Nous décrivons une demi-circonférence sur AC comme diamètre, nous élevons en B la perpendiculaire BD qui rencontre la circonférence en D ; la longueur AD répond à la question. (Corollaire II, théorème XII.)

*Deuxième procédé.* — Nous prenons sur une même direction et en sens contraire, à partir du point A, les longueurs

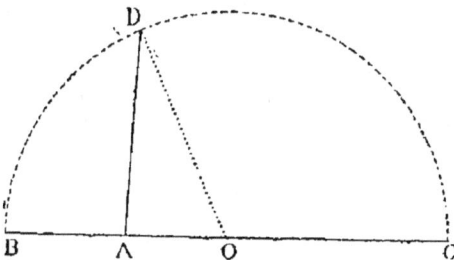

AC, AB respectivement égales à *m* et *n*, et nous décrivons une demi-circonférence sur BC comme diamètre ; nous élevons en A la perpendiculaire à BC qui rencontre la circonférence en D.

La longueur AD répond à la question. (Corollaire III du théorème XII.)

**Corollaire**. — *La moyenne géométrique est moindre que la moyenne arithmétique :*

Car, la moyenne arithmétique des deux longueurs *m* et *n*, étant leur demi-somme est égale à OD qui est plus grand que AD.

## § IV.—Propriétés des cordes, des sécantes et des tangentes issues du même point.

### THÉORÈME XIV.

*Lorsque deux cordes se coupent dans l'intérieur de la circonférence, le produit des segments additifs déterminés par ce point est le même sur les deux cordes.*

Soit A le point de rencontre des deux cordes BC, B'C' : nous voulons prouver que l'on a

$$AB \times AC = AB' \times AC'.$$

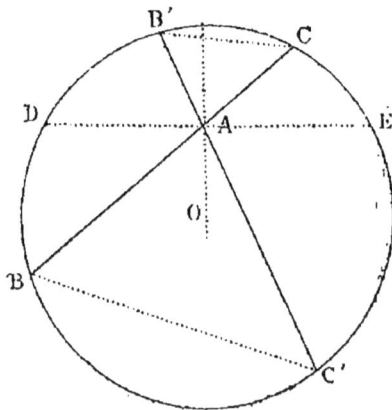

À cet effet, traçons les cordes BC', B'C, nous formerons

deux triangles ABC', AB'C semblables parce qu'ils ont leurs angles égaux chacun à chacun ; ainsi les angles $\widehat{C}$ et $\widehat{C'}$ sont égaux comme inscrits dans le même segment :

On a donc la proportion des côtés homologues :

$$\frac{AB}{AB'} = \frac{AC'}{AC} \text{ d'où } AB \times AC = AB' \times AC'.$$

**Corollaires.— I.** — *Si d'un point pris dans une circonférence on trace une corde arbitraire, le produit des segments déterminés par ce point sur la corde est constant, c'est-à-dire qu'il ne dépend pas de la direction de la corde.*

C'est une autre façon d'énoncer le théorème XIV.

**II.** — *La demi-corde minimum passant par un point est moyenne géométrique entre les deux segments que détermine ce point sur toute corde qui le contient.*

En effet menons, dans la figure précédente, la perpendiculaire DE sur OA, nous savons que c'est la corde minimum passant par le point A, et comme son milieu est en A, on a

$$\overline{AD}^2 = AB \times AC.$$

### Réciproque du théorème XIV.

*Si deux portions de droite sont partagées par un même point en segments additifs dont les produits sont égaux, les extrémités de ces portions de droite sont sur une même circonférence.*

Soit les deux portions de droite BC, B'C' partagées au point A en segments additifs tels que $AB \times AC = AB' \times AC'$: prouvons que les quatre points B, B', C, C' sont sur une même circonférence.

A cet effet, traçons la circonférence qui passe par les points B', B, C' ; le point A sera intérieur à cette circonférence, et par suite cette ligne rencontrera BC en un point C₁ situé du même côté de A que le point C.

Mais d'après le théorème XIV on aura:

$$AB \times AC_1 = AB' \times AC',$$

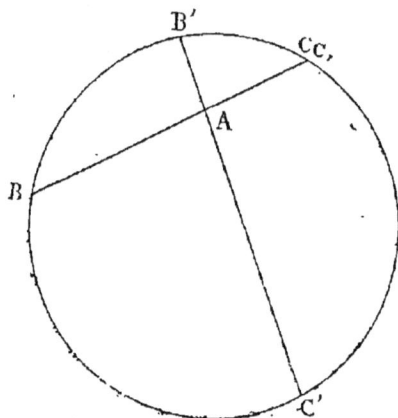

en rapprochant ce résultat de l'égalité accordée, on en conclut que $AC_1 = AC$, donc les points C et $C_1$ coïncident.

## THÉORÈME XV.

*Lorsque deux sécantes se coupent à l'extérieur de la circonférence, le produit des segments soustractifs déterminés par le point de rencontre est le même sur les deux sécantes.*

Soit A le point de rencontre des deux sécantes BC, B'C' nous voulons prouver que l'on a:

$$AB \times AC = AB' \times AC'.$$

Pour cela traçons les cordes CC', BB'

Nous formerons deux triangles ABB', ACC' qui sont semblables parce qu'ils ont les angles égaux chacun à chacun;

par exemple les angles $\widehat{B}$ et $\widehat{C'}$ ont tous deux la même me-

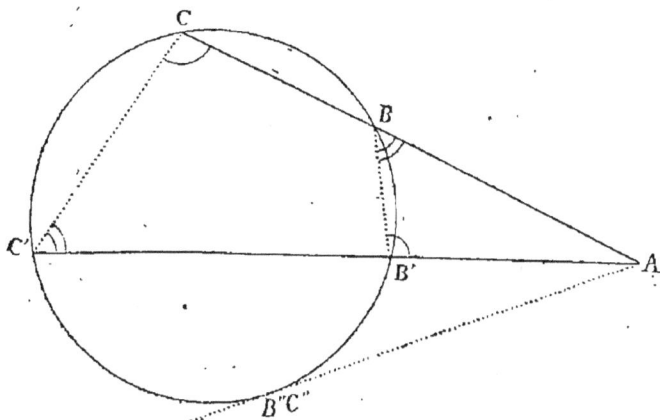

sure que la moitié de l'arc CBB': il résulte de cette similitude
$$\frac{AB}{AC'} = \frac{AB'}{AC} \cdot$$
donc :
$$AB \times AC = AB' \times AC'.$$

**Corollaires.—I.—** *Si, d'un point situé hors d'une cir-conférence, on trace une sécante arbitraire, le produit des segments soustractifs déterminés par ce point sur la corde interceptée est constant, c'est-à-dire qu'il ne dépend pas de la direction de la sécante:*

C'est une autre façon d'énoncer le théorème XV.

**II.** — *La portion de tangente issue d'un point à une circonférence, comprise entre ce point et le point de con-tact, est moyenne géométrique entre les segments sous-tractifs déterminés par ce point sur une sécante quelcon-que qui le contient.*

Soit en effet dans la figure précédente la tangente AB''; c'est la position limite d'une sécante issue du point A; les deux points communs à la sécante et à la circonférence sont confondus en B''C''au point de contact; le produit $AB'' \times AC''$, c'est-à-dire $\overline{AB''}^2$, égale donc $AB \times AC$, autrement dit AB'' est moyenne géométrique entre AB et AC.

Cette propriété importante s'énonce aussi de la manière suivante :

## THÉORÈME XVI.

*Si d'un point extérieur à une circonférence on mène une tangente et une sécante, la tangente est moyenne géométrique entre la sécante entière et sa partie extérieure.*

Voici la démonstration directe que l'on peut donner de cette propriété :

Soit la tangente AD et la sécante ABC, traçons BD et CD ; nous formerons deux triangles ABD, ACD qui sont sembla-

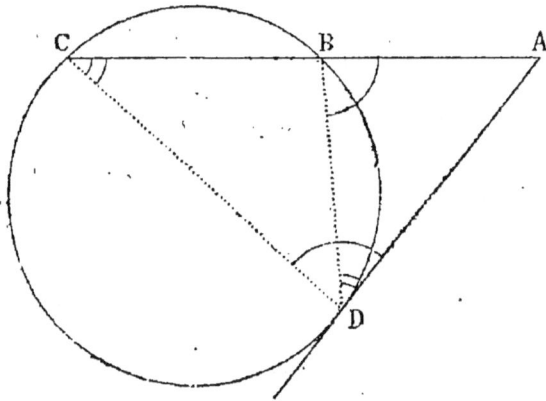

bles, parce qu'ils ont les angles égaux chacun à chacun :
par exemple les angles $\widehat{ACD}$ et $\widehat{ADB}$ sont égaux parce qu'ils ont tous deux même mesure que la moitié de l'arc BD. De cette similitude on déduit :

$$\frac{AB}{AD} = \frac{AD}{AC},$$

ce qu'il fallait prouver.

### Réciproque du théorème XVI

*Si deux portions de droite sont partagées par un même point en segments soustractifs dont les produits sont égaux, les extrémités de ces portions de droite sont sur une même circonférence.*

Soit en effet les deux portions de droite BC, B'C' partagées par le point A en segments soustractifs tels que

$$AB \times AC = AB' \times AC':$$

prouvons que les quatre points B, B', C, C', sont sur une même circonférence.

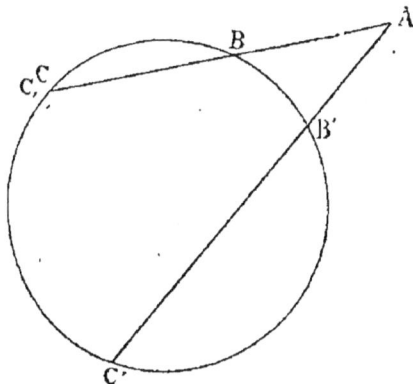

A cet effet, traçons la circonférence qui passe par les trois points B, B', C' le point A sera extérieur à cette courbe, qui rencontrera la direction AB en un point $C_1$ situé du même côté de A que le point C. Or, d'après le théorème XV on aura :

$$AB \times AC_1 = AB' \times AC'$$

et, en rapprochant ce résultat de l'égalité accordée, il en faut conclure $AC = AC_1$ donc les points $CC_1$ se confondent.

**Application I.** — *Étant donnée une droite xy et un point A, on joint ce point A à un point quelconque M de xy, et l'on prend dans le sens AM la longueur AP telle que :*

$$AM \times AP = K^2$$

K étant une constante donnée, trouver le lieu géòmétrique du point P.

Traçons la perpendiculaire AC sur *xy* et prenons le point B du lieu qui est sur cette direction, nous aurons donc:

$$AC \times AB = K^2,$$

donc :

$$AM \times AP = AC \times AB,$$

donc les quatre points P, M, C, B

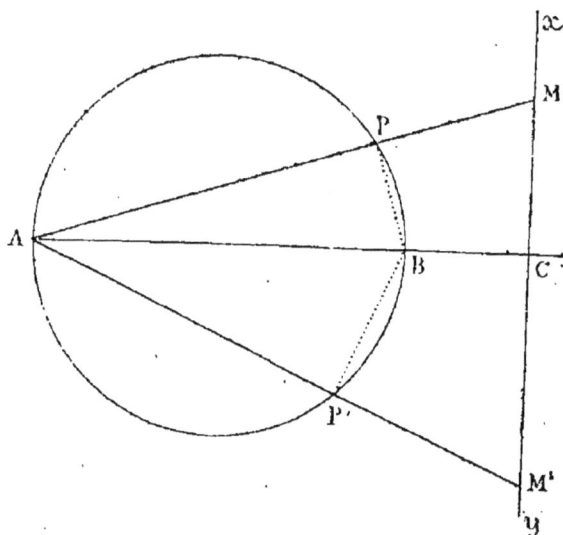

sont sur une même circonférence (Réciproque du théorème XVI); par suite l'angle ACM étant droit, l'angle APB l'est aussi, donc tout point du lieu appartient à la circonférence ayant pour diamètre AB: si donc nous prouvons que tout point de cette circonférence est un point du lieu, nous en conclurons que le lieu cherché est cette circonférence.

Soit donc un point P' arbitraire de cette ligne, nous traçons AP' qui rencontre $xy$ en M' et il nous suffit de prouver que :

$$AP' \times AM' = K^2;$$

or le quadrilatère BCM'P' est inscriptible puisque les angles opposés C et P' sont droits.
donc :

$$AP' \times AM' = AB \times AC.$$

(Théorème XVI).

**Remarque.** — Si l'on considère le point P mobile sur la circonférence, le lieu du point M tel que :

$$AP \times AM = K^2$$

sera la droite $xy$.

**Application II.** — *Tracer une circonférence tangente à une droite et passant par deux points donnés.*

Soit $xy$ la droite donnée, A et B les deux points.

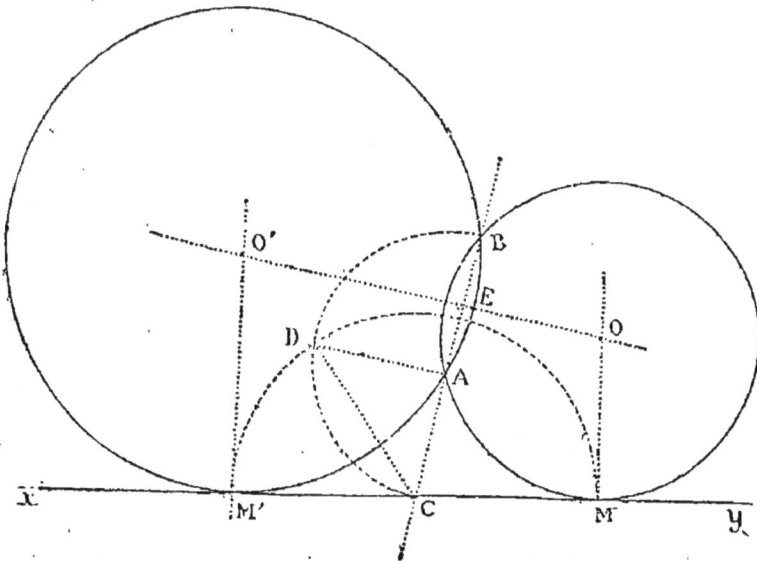

Soit O le centre d'une circonférence passant par les

points A en B et tangente en M 'à *xy;* nous aurons donc
CM moyenne géométrique entre CA et CB: donc nous pouvons construire CM; pour cela, par exemple, nous décri-
rons la circonférence ayant CB pour diamètre, nous élève-
rons AD perpendiculaire sur CB, et CD sera égal à CM; connaissant le point M nous aurons le point O par l'intersection
de la perpendiculaire en M à *xy* avec la perpendiculaire au
milieu E de AB. Le problème admet une seconde solution
obtenue en prenant CM'=CM. Le problème est possible
tant que les deux points A, B sont d'un même côté de *xy*,
si AB était parallèle à *xy* l'une des solutions disparaîtrait
et le point de contact de l'autre serait à l'intersection de *xy*
avec la perpendiculaire au milieu E de AB.

**Application III.**—*Tracer une circonférence tangente à
deux droites et passant par un point donné.*

Soit les droites C*x*, C*y* et le point A.

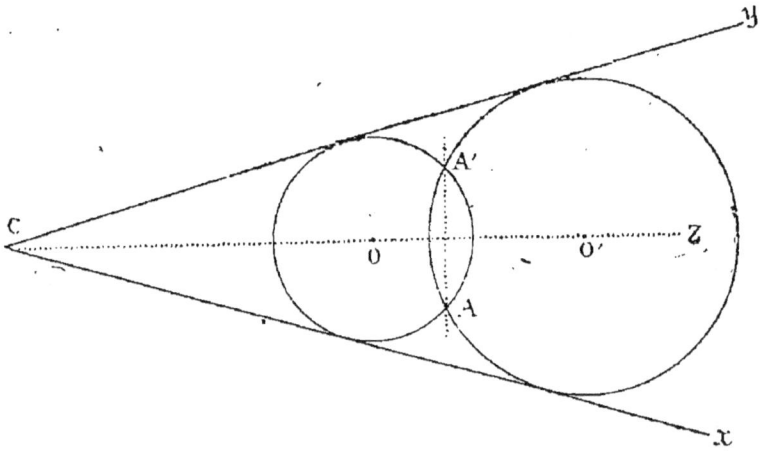

Nous remarquons d'abord que le centre est situé sur la
bissectrice CZ de celui des quatre angles qui contient le
point A.

Par suite le symétrique A' du point A par rapport à CZ
appartient aussi à la circonférence cherchée, puisque CZ
est un diamètre. On est donc ramené à l'application II.

**Application IV.** *Construire deux longueurs, connais-sant leur somme et leur produit.*

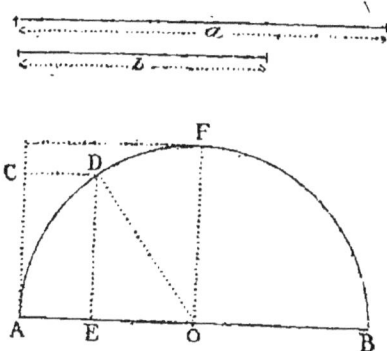

Soit *a* la longueur égale à la somme des deux lignes cher-chées, et soit *b* la ligne dont le carré égale leur produit.

Ainsi en représentant par *x* et *y* les deux lignes on doit avoir :

$$x + y = a$$
$$xy = b^2.$$

Pour les construire, décrivons une demi-circonférence ayant pour diamètre AB = *a*, traçons la perpendiculaire au point A de AB, et prenons AC = *b*; menons CD parallèle à AB, et projetons D en E sur AB, les deux lignes cherchées sont EA et EB. — En effet leur somme est bien AB = *a* et leur produit égale $\overline{DE}^2 = b^2$. (Corollaire II du théorème XII.)

On voit que la construction n'est pas toujours possible: il faut en effet, et il suffit que CD rencontre la circonfé-rence, c'est-à-dire que AC ou *b* ne soit pas supérieur à OF ou à $\frac{a}{2}$.

La condition de possibilité est donc : $b \leqslant \frac{a}{2}$

Autrement dit, lorsque deux lignes ont une somme donnée *a* leur produit a pour valeur maximum $\frac{a^2}{4}$ et ce maximum est atteint quand les deux lignes sont égales entre elles, puisque dans ce cas le point E est en O.

La figure fournit d'ailleurs aisément les valeurs numériques des deux lignes, en effet nous avons:

$$x = AE = OA - OE$$
$$y = BE = OA + OE$$

or $OA = \dfrac{a}{2}$ et dans le triangle rectangle ODE nous avons

$OE = \sqrt{\overline{OD^2} - \overline{DE^2}}$ c'est-à-dire $OE = \sqrt{\dfrac{a^2}{4} - b^2}$

nous obtenons donc les valeurs:

$$x = \dfrac{a}{2} - \sqrt{\dfrac{a^2}{4} - b^2}$$

$$y = \dfrac{a}{2} + \sqrt{\dfrac{a^2}{4} - b^2}$$

**Application V.** — *Construire deux longueurs, connaissant leur différence et leur produit.*

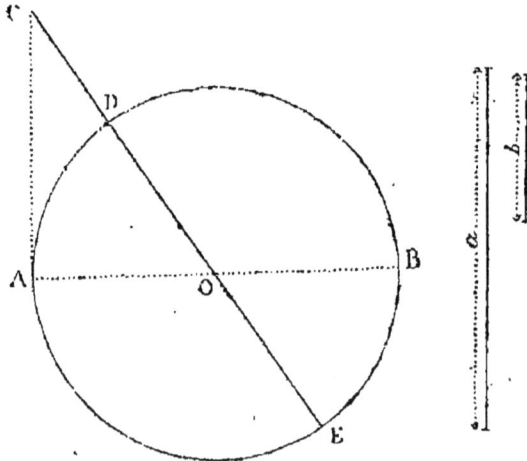

En représentant par $x$ la plus grande ues deux lignes

cherchées, et par $y$ l'autre, nous voulons trouver les lignes $x$ et $y$ de sorte qu'elles satisfassent aux deux conditions:

$$x - y = a$$

$$xy = b^2$$

Pour cela décrivons une circonférence ayant AB$=a$ pour diamètre, menons en un point A arbitraire une tangente sur laquelle nous prenons AC$=b$ et joignons ce point C au centre. Cette droite rencontre la circonférence aux points D,E, tels que CE$=x$, et CD$= y$. — En effet CE—CD$=$DE, c'est-à-dire que la différence de ces deux lignes égale $a$: puis (Théorème XVI):

$$CD \times CE = \overline{CA}^2 = b^2.$$

Il est visible ici qu'il n'y a pas de condition de possibilité. La figure fournit l'évaluation numérique des deux lignes:

On a en effet $x = CE = CO + OE$

$$y = CD = CO - OD.$$

Or OD $=$ OE $= \dfrac{a}{2}$, puis le triangle rectangle OAC donne

$$OC = \sqrt{\overline{OA}^2 + \overline{AC}^2}$$

c'est-à-dire:

$$OC = \sqrt{\frac{a^2}{4} + b^2}$$

Donc on a les valeurs:

$$x = \sqrt{\frac{a^2}{4} + b^2} + \frac{a}{2}$$

$$y = \sqrt{\frac{a^2}{4} + b^2} - \frac{a}{2}.$$

## § V. — Polygones réguliers. — Carré, Hexagone.

**Définitions.** Une ligne brisée est *régulière* lorsque tous ses angles sont égaux, ainsi que ses côtés. Un polygone est *régulier* lorsque tous ses angles sont égaux ainsi que ses côtés : — Le polygone régulier le plus simple est le *triangle équilatéral*.

Le *carré* est le polygone régulier de 4 côtés.

La somme des angles intérieurs d'un polygone convexe de *n* côtés, étant égale à autant de fois deux droits qu'il y a de côtés moins deux, a pour mesure 2 (*n* — 2), en prenant l'angle droit pour unité ; si donc le polygone est régulier, chacun de ses angles aura pour mesure $\dfrac{2n-4}{n}$.

Donc tous les polygones réguliers convexes d'un même nombre de côtés ont même angle.

L'angle du pentagone régulier convexe est $\dfrac{6}{5}$ d'angle droit.

L'angle de l'hexagone régulier est $\dfrac{4}{3}$ d'angle droit.

## THÉORÈME XVII.

*Un polygone régulier est à la fois inscriptible et circonscriptible.*

Soit le polygone régulier ABCDE...

**1°** Il y a une circonférence qui passe par tous ses sommets. — En effet, traçons la circonférence passant par les trois sommets consécutifs A, B, C, et prouvons qu'elle passe par le sommet suivant D : Le centre O de cette circonférence est au point de rencontre des perpendiculaires élevées aux points milieux N, M des droites AB, BC ; faisons tourner autour de OM la portion du plan OMCD jusqu'à ce qu'elle vienne s'appliquer sur la partie OABM : la droite

MC prendra la direction de MB parce que les angles OMC, OMB sont égaux, et comme M est le milieu de BC, le point C viendra en B; les angles MCD, MBA étant égaux puisque

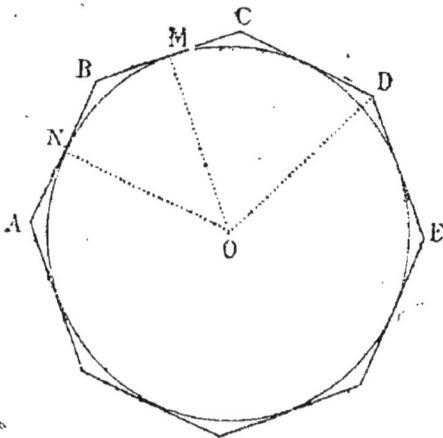

le polygone est régulier, le côté CD prendra la direction du côté BA, et comme ces côtés sont d'égale longueur le point D se placera en A, donc OD est égal à OA, d'où il résulte évidemment que la circonférence considérée passera par le point D.

**II°** Il y a une circonférence tangente à tous les côtés du polygone. En effet, les côtés du polygone sont des cordes égales de la circonférence circonscrite, donc elles sont tangentes à une circonférence concentrique à la première, et les points de contact sont les milieux de ces côtés. (Corollaire du théorème XII, livre II.)

**Corollaire.** — *Une ligne brisée régulière est à la fois inscriptible et circonscriptible.*

**Définition.** — Le *centre* d'un polygone régulier est le centre de la circonférence circonscrite à ce polygone; c'est donc aussi le centre de la circonférence inscrite dans le polygone.

8

Le *rayon* d'un polygone régulier est le rayon de la circonférence circonscrite ; c'est donc la distance du centre à l'un des sommets.

L'*apothème* (1) d'un polygone régulier est le rayon de la circonférence inscrite ; c'est donc la distance du centre à l'un des côtés.

Du centre d'un polygone régulier tous les côtés sont vus sous le même angle : cet angle, qui s'appelle *l'angle au centre du polygone*, a donc pour mesure $\dfrac{4}{n}$, en prenant comme unité l'angle droit, en représentant par $n$ le nombre des côtés, et en supposant le polygone convexe.

## THÉORÈME XVIII.

*Une circonférence étant divisée en parties égales : 1° les cordes qui joignent les points de division consécutifs forment un polygone régulier; 2° les tangentes menées en ces points forment un polygone régulier.*

Soit la circonférence O partagée en parties égales par les points ABCDE...

**I**° *Le polygone ABCDE est régulier*; d'abord ses côtés sont égaux comme cordes d'une même circonférence soustendant des arcs égaux ; puis les angles de ce polygone sont égaux car ils ont même mesure : ainsi l'angle inscrit $\widehat{ABC}$ a même mesure que la moitié de l'arc CEA, et l'angle inscrit $\widehat{BCD}$ a même mesure que la moitié de l'arc DEB; or ces deux arcs sont égaux, donc les angles $\widehat{ABC}$, $\widehat{BCD}$ sont aussi égaux.

**II**° Traçons les tangentes aux points de division de la circonférence : elles forment le polygone A'B'C'D'E' qui es

(1) APOTHÈME, du grec ἀπό, hors de; τίθημι, action de placer.

régulier. En effet, les triangles BB'C, CC'D sont isocèles,
et ils sont égaux parce qu'ils ont un côté égal adjacent à
deux angles égaux chacun à chacun : BC = CD, et les an-

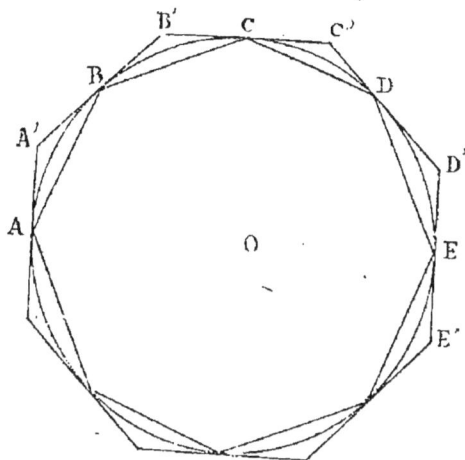

gles adjacents ayant même mesure que la moitié de l'arc BC
ou de son égal CD sont égaux. De cette égalité il résulte
d'abord que le polygone a ses angles égaux puisque deux
angles consécutifs $\widehat{BB'C}$, $\widehat{CC'D}$ sont égaux. — En second
lieu, le point C est le milieu du côté B'C', donc les côtés des
polygones sont égaux puisque les moitiés B'C, C'D de deux
côtés consécutifs sont égales.

## PROBLÈME I.

*Inscrire un carré dans une circonférence : valeur du
côté.*

Soit la circonférence O : nous la partageons en 4 parties
égales par deux diamètres rectangulaires AC, BD; le polygone ABCD est régulier, c'est le carré cherché.

Pour évaluer le côté, en désignant par R le rayon donné

à la circonférence, nous appliquons le théorème XIII au triangle AOB, ce qui donne :

$$\overline{AB} = \overline{OA^2} + \overline{OB^2} \qquad \text{ou} \qquad \overline{AB}^2 = 2R^2$$

donc
$$AB = R\sqrt{2}.$$

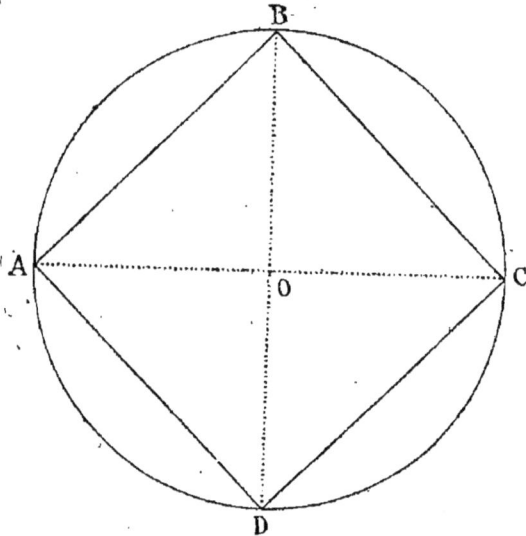

**Corollaire.** — *Sachant inscrire un carré dans une circonférence, on sait inscrire un polygone régulier de 8, 16, 32 côtés.* — En effet, partageons l'arc AB en deux parties égales, par la bissectrice de l'angle AOB et nous aurons le huitième de la circonférence.

Partageons de même cet arc en deux parties égales, nous obtiendrons la 16ᵉ partie de la circonférence et ainsi de suite.

Les valeurs des côtés de ces polygones peuvent d'ailleurs être évaluées à l'aide du problème suivant :

## PROBLÈME II.

*Connaissant une corde d'une circonférence évaluer la corde qui sous-tend l'arc moitié.*

Soit $a$ la longueur donnée de la corde AB, traçons le diamètre CC' perpendiculaire sur AB, et proposons-nous d'évaluer AC :

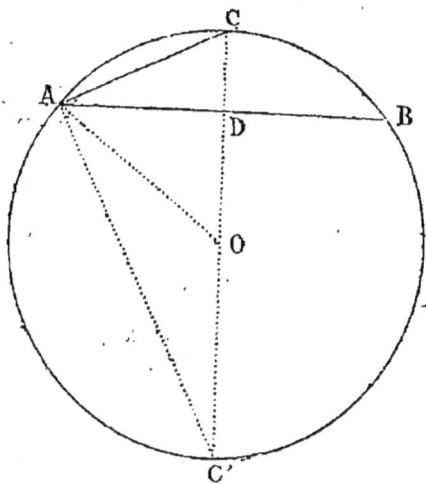

Le corollaire I du théorème III, donne :

$$\overline{AC^2} = CC' \times CD \quad \text{ou} : AC = \sqrt{2R \times CD},$$

Or $CD = R - OD$, et dans le triangle rectangle, AOD, on a :

$$OD = \sqrt{\overline{OA^2} - \overline{AD^2}}$$

c'est-à-dire,

$$OD = \sqrt{R^2 - \frac{a^2}{4}},$$

donc :

$$CD = R - \sqrt{R^2 - \frac{a^2}{4}}.$$

On a donc enfin :

$$AC = \sqrt{2R\left(R - \sqrt{R^2 - \frac{a^2}{4}}\right)} \qquad (1)$$

de même on aurait :

$$AC' = \sqrt{2R\left(R + \sqrt{R^2 - \frac{a^2}{4}}\right)} \qquad (2)$$

**Corollaire.** — *Le côté de l'octogone (1) régulier convexe a pour valeur :*

$$R\sqrt{2 - \sqrt{2}}$$

En effet, il suffit de remplacer *a* par le côté du carré, c'est-à-dire par $R\sqrt{2}$ dans (1) ce qui donnera :

$$\sqrt{2R\left(R - \sqrt{R^2 - \frac{2R^2}{4}}\right)}$$

ce qui s'écrit successivement :

$$\sqrt{2R\left(R - \sqrt{\frac{2R^2}{4}}\right)}$$

$$\sqrt{2R\left(R - \frac{R}{2}\sqrt{2}\right)}$$

$$\sqrt{R^2\left(2 - \sqrt{2}\right)}$$

$$R\sqrt{2 - \sqrt{2}}$$

**Corollaire II.** — *De proche en proche, on pourra donc*

(1) OCTOGONE, du latin *octo*, huit; du grec ὀκτώ, γωνία, coin, angle.

*calculer le côté du polygone régulier convexe, d'un nombre de côtés représenté par $2^n$, inscrit dans la circonférence de rayon R.*

### Application numérique V.

*Dans une circonférence dont le diamètre est 13ᵐ, une corde a pour longueur 5ᵐ ; calculer les cordes qui sous-tendent les moitiés des arcs séparés par cette corde.*

En représentant par $a$ la longueur de la corde donnée, par R le rayon de la circonférence, et par $x$ et $y$ les inconnues du problème, $x$ étant la plus petite des deux cordes, on a, d'après les formules précédentes :

$$x = \sqrt{2R\left(R - \sqrt{R^2 - \frac{a^2}{4}}\right)}$$

$$y = \sqrt{2R\left(R + \sqrt{R^2 - \frac{a}{4}}\right)}$$

or : $\quad R = \dfrac{13}{2}\quad$ et $\quad \dfrac{a}{2} = \dfrac{5}{2}\quad$ donc : $R^2 - \dfrac{a^2}{4} = \dfrac{\overline{13}^2 - 5^2}{4}$

donc :

$$R^2 - \frac{a^2}{4} = \frac{(13+5)(13-5)}{4} = 36$$

et par suite :

$$x = \sqrt{13\left(\frac{13}{2} - 6\right)} = \sqrt{\frac{13}{2}} = \sqrt{6,5}$$

$$y = \sqrt{13\left(\frac{13}{2} + 6\right)} = \sqrt{\frac{325}{2}} = \sqrt{162,5}$$

nous ne pouvons donc obtenir que des valeurs approchées pour les inconnus : calculons ces valeurs à 0$^m$,01 près :

| 65000 | 254 | 1625000 | 1274 |
|---|---|---|---|
| 250 | $45 \times 5$ | 62 | $22 \times 2$ |
| 2500 | $504 \times 4$ | 1850 | $247 \times 7$ |
| 484 | | 12100 | $2544 \times 4$ |
| | | 1924 | |

Les valeurs cherchées sont 2,25 et 12,75 à 1/2 centime près par excès (parce que les restes sont supérieurs aux racines).

**Remarque.** — Pour vérifier les valeurs *exactes* trouvées pour $x$ et $y$ on peut remarquer que la somme de leurs carrés doit égaler 4R$^2$ ou 169; et on a en effet :

$$6,5 + 162,5 = 169.$$

## PROBLÈME III.

*Inscrire un hexagone régulier et un triangle équilatéral dans une circonférence : valeurs des côtés.*

I° Soit AB le côté de l'hexagone régulier inscrit dans la circonférence O : l'angle AOB vaut le 1/6 de 4 droits, ou les $\frac{2}{3}$ d'un droit, donc la somme des angles en A et B vaut $\frac{4}{3}$ d'un droit et comme ces angles sont égaux, chacun vaut $\frac{2}{3}$ de droit : le triangle AOB est donc équiangle et par suite équilatéral.

La corde AB égale le rayon et par suite il est aisé d'inscrire l'hexagone régulier ABCDEF dans la circonférence.

II° Ayant inscrit l'hexagone régulier, il est évident que nous aurons le côté du triangle équilatéral en traçant la corde AC.

Nous évaluons le côté AC dans le triangle FCA rectangle en A.

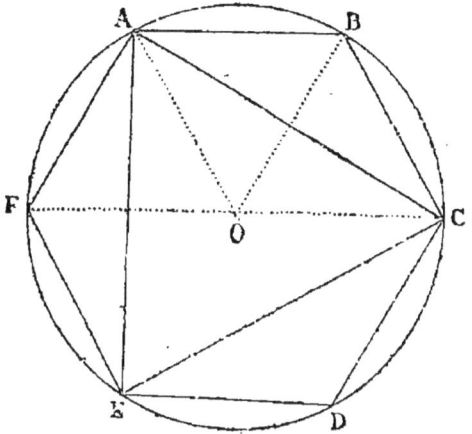

Nous avons ainsi :

$$\overline{AC}^2 = \overline{FC}^2 - \overline{AF}^2 \qquad \text{ou} \qquad \overline{AC}^2 = 3\,R^2$$

Donc le côté du triangle équilatéral inscrit dans la circonférence de rayon R a pour valeur : $R\sqrt{3}$.

**Corollaires.—I.**—*En partageant en deux parties égales l'arc sous-tendu par le côté de l'hexagone, nous obtiendrons le $\frac{1}{12}$ de la circonférence, et de même nous aurons le $\frac{1}{24}$ etc. Autrement dit nous pourrons inscrire les polygones réguliers ayant pour nombre de côtés : 3, 3 × 2, 3 × 4, 3 × 8.*

Pour évaluer les longueurs des côtés des polygones convexes que nous venons d'inscrire, nous ferons usage de la formule trouvée dans le problème II.

**II.** — *Le côté du dodécagone (1) régulier convexe inscrit dans la circonférence de rayon R a pour valeur :*

$$R\sqrt{2 - \sqrt{3}}$$

(1) DODÉCAGONE, du grec δώδεκα, douze, γωνία, coin, angle.

9

En effet, remplaçons $a$ par le côté de l'hexagone régulier dans la formule (1), problème II, nous aurons le côté du dodécagone convexe ; nous obtiendrons ainsi successivement :

$$\sqrt{2R\left(R-\sqrt{R-\frac{R^2}{4}}\right)}$$

$$\sqrt{2R\left(R-\sqrt{\frac{3R^2}{4}}\right)}$$

$$\sqrt{2R\left(R-\frac{R}{2}\sqrt{3}\right)}$$

$$\sqrt{R^2\left(2-\sqrt{3}\right)}$$

$$R\sqrt{2-\sqrt{3}}$$

## § VI.—Rapport de la circonférence au diamètre.

Lorsqu'on double le nombre des côtés d'un polygone

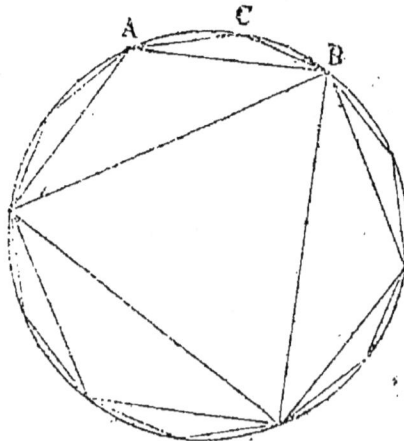

régulier inscrit dans|la circonférence, le périmètre de ce

polygone va en croissant, car on remplace chacun des côtés
AB par une ligne brisée AC + CB plus longue que AB.

Si on imagine que l'on double ainsi indéfiniment le
nombre des côtés, le périmètre croîtra indéfiniment ; mais
restera toujours inférieur à la longueur de la circonférence ;
il y a un certain état de grandeur duquel ce périmètre s'ap-
prochera toujours sans jamais l'atteindre, et dont il pourra
différer d'une quantité aussi petite que l'on voudra : Cet
état de grandeur s'appelle la *limite* de ce périmètre variable :

Nous *admettons* que cette limite est précisément la circonférence.

**Définition.** On appelle *arcs semblables*, dans deux circonférences différentes, ceux qui sont interceptés par des
angles aux centres égaux.

## THÉORÈME XIX.

*Deux polygones réguliers d'un même nombre de côtés
sont semblables; le rapport des périmètres est égal au
rapport des rayons, et au rapport des apothèmes.*

1° Les polygones sont semblables : en effet nous savons

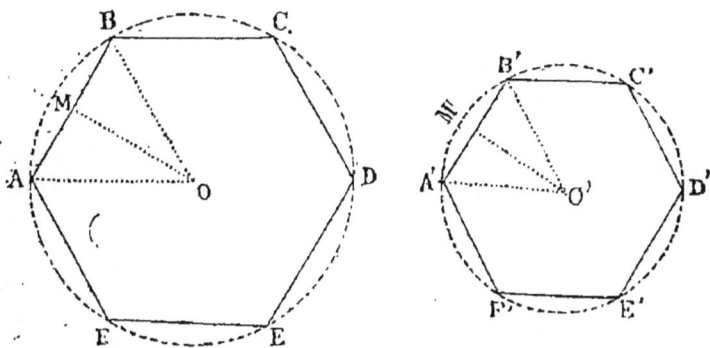

que deux polygones réguliers d'un même nombre de côté
ont mêmes angles, et d'ailleurs les côtés homologues sont
évidemment proportionnels.

**II°** Soit les polygones réguliers d'un même nombre $n$ de côtés ABCDEF, A'B'C'D'E'F' dont les centres sont O et O', le rapport des périmètres égale le rapport de deux côtés homologues (Théorème IV), il nous reste donc à prouver que l'on a $\dfrac{AB}{A'B'} = \dfrac{OA}{O'A'}$ ; cette proportion résulte de la similitude des triangles AOB, A'O'B' : ces triangles isocèles ont en effet l'angle au sommet égal, chacun valant la fraction de droite représentée par $\dfrac{4}{n}$, donc les triangles ont leurs angles égaux chacun à chacun.

**III°** Le rapport des périmètres est aussi égal au rapport des apothèmes OM, O'M' : il suffit de montrer que l'on a $\dfrac{OA}{O'A'} = \dfrac{OM}{O'M'}$, ce qui résulte de la similitude des triangles AOM, A'O'M' : ces triangles sont en effet rectangles et ont un angle aigu égal.

## THÉORÈME XX.

*Deux circonférences sont dans le rapport de leurs rayons.*

Soit en effet les deux circonférences O,O'.

Inscrivons dans ces lignes des polygones réguliers d'un même nombre de côtés : le rapport des périmètres sera toujours égal au rapport des rayons de ces circonférences; et cela quel que soit le nombre des côtés. Or, les circonférences étant les limites vers lesquelles tendent ces périmètres, leur rapport sera égal à la valeur constante du rapport de ces périmètres, c'est-à-dire au rapport des rayons.

**Corollaire 1.** — *La circonférence somme de plusieurs circonférences a pour rayon la somme des rayons de ces circonférences.*

Soit les circonférences $c$ $c'c''$ de rayons $r, r', r''$ et supposons que la circonférence C de rayon R soit la somme des premières circonférences : nous aurons

$$\frac{C}{R} = \frac{c}{r} = \frac{c'}{r'} = \frac{c''}{r''}.$$

donc

$$\frac{C}{R} = \frac{c + c' + c''}{r + r' + r''}$$

Mais par hypothèse : $C = c + c' + c''$

donc : $\qquad\qquad R = r + r' + r''$

**Remarque.**—On en conclut que si une circonférence est la différence de deux circonférences, son rayon est la différence de leurs rayons.

**Corollaire II.**—*Deux arcs semblables sont dans le rapport de leurs rayons.*

Nous savons en effet que dans une même circonférence

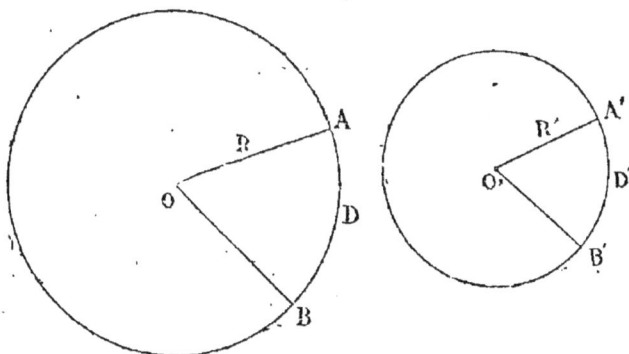

deux arcs sont dans le rapport des angles au centre qui les interceptent. Si donc $\widehat{AOB}$, $\widehat{A'O'B'}$ sont des angles aux centres égaux dans les circonférences O et O', nous aurons les deux proportions :

$$\frac{\text{arc ADB}}{\text{circonf.O}} = \frac{\widehat{AOB}}{4}$$

$$\frac{\text{arc A'D'B'}}{\text{circonf.O'}} = \frac{\widehat{A'O'B'}}{4}$$

d'où il faut conclure :

$$\frac{\text{arc ADB}}{\text{circonf.O}} = \frac{\text{arc A'D'B'}}{\text{circonf.O'}}$$

Les deux arcs semblables sont donc dans le rapport des circonférences et par suite aussi dans le rapport de leurs rayons.

## THÉORÈME XXI.

*Le rapport d'une circonférence à son diamètre est constant.*

Soit C la longueur d'une circonférence de rayon R ; en la comparant à une circonférence arbitraire C′ de rayon R′, nous avons obtenu (Théorème XX)

$$\frac{C}{C'} = \frac{R}{R'}$$

nous en concluons aisément

$$\frac{C}{2R} = \frac{C'}{2R'} :$$

le nombre $\dfrac{C}{2R}$ est donc constant.

**Remarque.**—Ce rapport constant ne peut être exprimé ni par un nombre entier, ni par une fraction ; c'est un nombre incommensurable : autrement dit la longueur d'une circonférence et le diamètre n'ont pas de commune mesure. Ce nombre que l'on représente par la lettre grecque $\pi$ peut d'ailleurs être connu avec une approximation aussi grande qu'on le veut. Archimède en a donné la valeur approchée $\dfrac{22}{7}$ qui représente $\pi$ par excès avec une erreur moindre que 0,005.

En nombre décimal, on a calculé les 500 premières décimales : Voici la valeur avec les 8 premières :

$$\pi = 3,14159265\ldots\ldots$$

**Corollaires.**—I.—*La longueur de la circonférence est donnée par la formule* $C = 2\pi R$.

Cela résulte de la définition du nombre $\pi$, puisqu'on a posé

$$\pi = \frac{C}{2R}.$$

On voit ainsi que l'on pourra calculer la longueur d'une circonférence de rayon donné avec une approximation aussi grande qu'on le voudra.

**II.**—*La longueur d'un arc dont l'angle au centre a pour mesure* α (*l'angle droit étant l'unité*), *dans une circonférence de rayon* R, *est donnée par la formule :*

$$1 = \frac{\pi R \alpha}{2}$$

En effet les arcs d'une même circonférence sont dans le rapport des angles au centre qui les interceptent, c'est-à-dire que l'on a

$$\frac{1}{\pi R} = \frac{\alpha}{2}$$

d'où résulte la formule précédente.

**Remarque.** — Si l'unité de mesure des angles est le degré, la formule deviendra

$$1 = \frac{\pi R \alpha}{180}.$$

### Application numérique VI.

*Quelle est la longueur de la circonférence dont le diamètre est* 5ᵐ ?

En représentant cette longueur en mètres par $x$ ; on a :

$$x = 5 \times \pi$$

or, le nombre π étant incommensurable, on ne peut en avoir que des valeurs approchées : il en résulte qu'on ne pourra avoir aussi que des valeurs approchées de la longueur $x$.

Prenons par exemple la valeur de π à 0,01 près ; on aura :

$$3,14 < \pi < 3,15$$

$$5 \times 3,14 < x < 5 \times 3,15$$

ou :

$$15,70 < x < 15,75$$

donc 15,70 représente $x$ avec une erreur moindre que
15,75 — 15,70, c'est-à-dire $0^m,05$.

La longueur cherchée à 1/2 décimètre près par défaut
est donc : 15,70.

## Application numérique VII.

*Quel est le rayon d'une circonférence dont la longueur
est $15^m$ ?*

En représentant par R le rayon inconnu; nous avons :

$$15 = 2\pi R$$

d'où :
$$R = \frac{7,5}{\pi}$$

nous prenons alors des valeurs approchées de $\pi$; nous aurons :

$$\frac{7,5}{3,15} < R < \frac{7,5}{3,14}$$

ou, en effectuant ces divisions de façon à avoir chacun
des quotients à 0,01 près :

$$2,38... < R < 2,38...$$

Donc 2,38 représente R avec une erreur moindre que $0^m,04$.

## Application numérique VIII.

*Dans une circonférence de $20^m$ de rayon, un angle ins-
crit a pour graduation 32° 45' calculer l'arc intercepté par
cet angle.*

En représentant par $x$ la longueur cherchée, par C la
longueur de la circonférence, R le rayon et $\alpha$ l'angle exprimé en minutes, nous savons que l'on a la proportion :

$$\frac{x}{C} = \frac{2\alpha}{360 \times 60}$$

puisque l'angle au centre est double de l'angle inscrit qui intercepte le même arc.

Nous en déduisons :

$$x = \frac{2\pi \times 20 \times (32 \times 60 + 45)}{180 \times 60}$$

ou :

$$x = \frac{\pi \times 131}{18}$$

En prenant les valeurs 3,14, et 3,15 approchées de $\pi$ à 0,01 près, nous aurons :

$$\frac{3,14 \times 131}{18} < x < \frac{3,15 \times 131}{18}$$

ou en effectuant les divisions indiquées :

$$22,85 < x < 22,92$$

or :
$$22,92 - 22,85 = 0,07$$

donc, $22^m,92$ représente $x$ à $0^m,1$ près, par excès.

## PROBLÈME.

*Calcul du rapport de la circonférence au diamètre.*

Donnons une idée du procédé que l'on pourrait employer pour évaluer $\pi$ avec une approximation de plus en plus grande.

Il nous suffit d'évaluer la longueur de la circonférence qui a l'unité de longueur pour rayon, car de la formule $C = 2\pi R$, puisque $R = 1$, nous tirerons $\pi = \dfrac{C}{2}$.

Or, nous connaissons le côté du carré inscrit, il a pour longueur $\sqrt{2}$, donc le périmètre de ce carré sera $4\sqrt{2}$.

C'est une valeur approchée par défaut de C :

Prenons l'octogone régulière convexe inscrit dont le côté est $\sqrt{2 - \sqrt{2}}$ le périmètre sera $8\sqrt{2 - \sqrt{2}}$ : nouvelle valeur approchée de C et plus approchée que la précédente.

Prenons le polygone régulier de 16 côtés, inscrit dans la même circonférence de rayon 1, nous aurons pour son périmètre la valeur $16\sqrt{2-\sqrt{2+\sqrt{2}}}$ qui est une nouvelle valeur approchée de C et encore plus approchée que la précédente.

On conçoit donc que l'on puisse obtenir ainsi des valeurs de plus en plus approchées de C et par conséquent de $\pi$.

D'ailleurs l'approximation pourra être aussi grande qu'on le voudra, puisque la longueur C est la limite vers laquelle tendent ces périmètres.

———

## § VII. — EXERCICES PROPOSÉS SUR LE LIVRE III.

1. Si les quatre points AMBM', en ligne droite, sont tels que les distances des points M et M' aux points A et B soient dans le même rapport, la distance du point O, milieu de MM', au point M est moyenne géométrique entre les distances OA. OB. (Théorème I.)

2. Si par le milieu D du côté BC d'un triangle ABC on trace une droite arbitraire qui rencontre les côtés AB. AC aux points E.F, on aura la proportion $\dfrac{EA}{EB} = \dfrac{FA}{FC}$

   *(On trace la parallèle à FF par le sommet C et on applique deux fois le théorème II.)*

3. Si du point A du plan d'une circonférence O on trace une sécante arbitraire AMM, que l'on prenne le symétrique M' du point M par rapport au diamètre AO, la droite MM' rencontrera AO en un point fixe. *(Joindre N au milieu de l'arc sous-tendu par MM' et appliquer le théorème III)*.

   Placer successivement le point A à l'intérieur et à l'extérieur de la circonférence.

4. Quel est le lieu géométrique des points d'un plan d'où l'on voit deux circonférences sous le même angle. *(Application 1. §1; et pour la réciproque, théorème VIII.)*

5. Construire un triangle ABC connaissant le côté BC le rapport des deux autres côtés et la hauteur relative au côté BC. — (Application 1. § 1.)

6. Construire en triangle ABC connaissant le côté BC, le pied sur ce côté de l'une des bissectrices des angles en A, et la longueur de la médiane issus du point A. — (Application 1. § 1.

7. Partager un trapèze en deux trapèzes semblables entre eux par une parallèle aux bases. *(Appliquer la définition de similitude.)*

8. Couper un triangle ABC par une parallèle DE à la base BC qui rencontre les côtés AB.AC aux points D. E tels que la somme ou la différence des segments BC.DE

soit égal à une longueur donnée. (*Porter DF égale à CE, et mener par le point F une parallèle à la bissectrice de l'angle A.*)

9. La circonférence tangente aux côtés égaux AB, AC d'un triangle isocèle ABC aux sommets B, C, est le lieu géométrique des points (compris dans l'angle A) dont la distance au côté BC est moyenne géométrique entre les distances aux deux autres côtés.

10. Par le sommet A d'un triangle ABC, on mène AD formant avec AC (du côté de AB) un angle égal à $\widehat{ABC}$, puis AE formant avec AB (du côté de AC) un angle égal à $\widehat{ACB}$ : soit D, E les points où ces lignes rencontrent BC, prouver :

1° AD = AE.

2° AB est moyenne géométrique entre BC et BE ; de même AC est moyenne géométrique entre BC et CD.

3° AD est moyenne géométrique entre BE et CD.

Il en résulte le théorème XII dans le triangle rectangle.

11. Soit ABC un triangle isocèle dont BC est la base : soit la hauteur BD ; prouver l'égalité :

$$2\,CA \times CD = \overline{BC}^2$$

12. Soit ABC un triangle isocèle dont l'angle au sommet A vaut 36°, montrer que l'on a la relation :

$$\overline{AB}^2 = \overline{BC}^2 + AB \times BC.$$

(*Tracez la bissectrice de l'angle C.*)

13. Construire deux lignes qui sont dans le rapport des nombres 3 et 5, et dont la somme des carrés soit égal au carré d'une ligne donnée.

14. Deux circonférences de rayons données sont tangentes extérieurement : calculer la portion de tangente commune extérieure comprise entre les points de contact.

15. AOB étant un angle droit au centre d'une circonférence,

on trace une corde DC parallèle à AB, qui rencontre les rayons OA, OB aux points E, F : prouver que

$$\overline{DE^2} + \overline{DF^2} = \overline{AB^2}.$$

16. D'un point donné hors d'un cercle, lui mener une sécante telle que la corde interceptée soit moyenne géométrique entre la sécante entière et sa partie extérieure. — (Discuter.)

17. Les points A, B, C étant en ligne droite, on décrit une circonférence passant par les points B, C, et l'on joint le point A au milieu de l'un des arcs soustendus par BC ; trouver le lieu géométrique du second point M où cette droite rencontre la circonférence. (*On prouvera que le point D où BC est rencontré par la droite qui joint le point M au milieu de l'autre arc est fixe, en appliquant deux fois le théorème XV.*)

18. Soit une demi-circonférence de diamètre AB : on trace deux cordes arbitraires AC, BD qui se coupent en P, prouver la relation

$$AB = AP \times AC + BP \times BD.$$

(*On abaissera du point P une perpendiculaire PE sur AB, et on aura deux quadrilatères inscriptibles qui fourniront chacun la valeur des produits du deuxième membre.*)

19. Inscrire dans un carré donné un triangle équilatéral en plaçant un des sommets à l'un des sommets du carré.

20. Inscrire un carré dans un segment de cercle.

21. Dans quel rapport se coupent deux diagonales d'un hexagone régulier.

22. Mesurer dans une circonférence donnée une corde parallèle à une direction donnée et qui partage la courbe en deux parties proportionnelles aux nombres 3 et 5.

23. Si la distance des centres de deux circonférences est double de l'un des rayons, et, si les rayons de l'un

des points communs sont à angle droit, la corde commune est le côté de l'hexagone inscrit dans l'une des circonférences, et le côté du triangle équilatéral inscrit dans l'autre.

24. Une demi-circonférence AOB étant partagée en 6 parties égales, évaluer les distances du point A aux 6 autres points.

25. Si l'on considère deux polygones réguliers semblables, l'un P, inscrit dans la circonférence O, l'autre P' circonscrit à cette même circonférence, la circonférence O sera moyenne géométrique entre la circonférence inscrite dans P et la circonférence circonscrite à P'.

# LIVRE IV.

**Définitions.** On appelle *Aire* (1) ou *surface* d'une figure plane l'étendue de la portion de plan limitée par cette figure.

Deux figures peuvent avoir des aires égales sans être superposables ; dans ce cas on dit que ces figures sont *équivalentes* (2).

L'unité de surface choisie est l'aire du carré dont le côté est l'unité de longueur.

## § 1. — Mesure des aires : rectangle, parallélogramme, triangle, trapèze.

### THÉORÈME I.

*Deux rectangles de même hauteur sont dans le rapport des bases.*

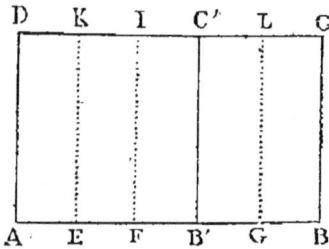

Soit les deux rectangles ABCD, AB'C'D de même hauteur AD, et dont les bases sont AB, AB'; représentons par R et R' les aires de ces rectangles, je dis que l'on a:

$$\frac{R}{R'} = \frac{AB}{AB'}.$$

Nous supposons en effet qu'il existe une commune me-

(1) AIRE, du latin *area* (aire à battre le blé).
(2) ÉQUIVALENT, du latin *æquivalentem*, *æquus*, juste, égal, *valeo*, pouvoir.

sure entre les longueurs AB, AB', contenue 5 fois dans AB et 3 fois dans AB', il en résulte que $\dfrac{AB}{AB'} = \dfrac{5}{3}$.

Par les points de division E, F, G, traçons des parallèles à AD, nous formerons des rectangles tous égaux entre eux ; ils sont en effet superposables : donc un même rectangle est contenu 5 fois dans ABCD et 3 fois dans AB'C'D, donc

$$\frac{R}{R'} = \frac{5}{3}.$$

Il y a donc égalité entre le rapport des aires et le rapport des bases.

**Corollaire.** — *Deux rectangles qui ont une dimension égale sont dans le rapport des dimensions inégales.*

Car on peut prendre pour base d'un rectangle l'un quelconque de ses côtés.

### THÉORÈME II.

*Deux rectangles sont dans le rapport des produits de leurs deux dimensions.*

Soit $a$, $b$ les dimensions du rectangle R,
Soit $a'$, $b'$ les dimensions du rectangle R',

Nous voulons prouver que l'on a :

$$\frac{R}{R'} = \frac{a \times b}{a' \times b'}.$$

Considérons un troisième rectangle auxiliaire R″ ayant pour dimensions $a'$, $b$.
La comparaison de R à R″ donne (théorème I)

$$\frac{R}{R''} = \frac{a}{a'}$$

De même en comparant R″ à R' nous avons

$$\frac{R''}{R'} = \frac{b}{b'};$$

en multipliant membre à membre ces deux égalités, nous

obtiendrons, après suppression du facteur R″ commun aux deux termes du premier membre :

$$\frac{R}{R'} = \frac{a \times b}{a' \times b''}$$

## THÉORÈME III.

*L'aire d'un rectangle a pour mesure le produit des mesures de ses deux dimensions.*

Soit en effet R l'aire du rectangle dont les dimensions sont $a$, $b$, et soit C l'aire du carré dont le côté $\alpha$ est l'unité de longueur : en comparant ces deux rectangles, d'après le théorème II, nous obtiendrons

$$\frac{R}{C} = \frac{a \times b}{\alpha \times \alpha}$$

$$\text{ou } \frac{R}{C} = \frac{a}{\alpha} \times \frac{b}{\alpha}.$$

Mais par hypothèse C est l'unité de mesure des aires, et $\alpha$ l'unité de mesure des longueurs, donc les rapports

$$\frac{R}{C}, \frac{a}{\alpha}, \frac{b}{\alpha}$$

sont les mesures des quantités R, $a$, $b$.

Par suite la mesure de R est le produit des mesures des dimensions $a$, $b$.

**Remarque.** — On énonce plus brièvement le théorème en disant; *un rectangle a pour mesure le produit de ses dimensions.*

**Corollaire**. — *L'aire du carré est la seconde puissance de son côté.*

C'est précisément cette propriété qui a fait donner le nom de carré d'un nombre à la seconde puissance de ce nombre.

## Application numérique IX.

*Quelle est l'aire du rectangle dont les dimensions sont
27 décimètres et 35 centimètres.*

Nous prenons le mètre carré pour unité de surface et le
mètre pour unité de longueur : Les mesures des dimensions de ce rectangle sont donc :

$$2,7 \text{ et } 0,35$$

Donc, la mesure de l'aire du rectangle sera de

$$2,7 \times 0,35$$

ou :                              0,945.

L'aire cherchée est donc 9450 centimètres carrés.

## THÉORÈME IV.

*Le parallélogramme a pour mesure le produit de sa base
par sa hauteur.*

Si l'on appelle base l'un des côtés AD d'un parallélogramme ABCD, sa hauteur sera la distance BE de ce côté
au côté opposé.

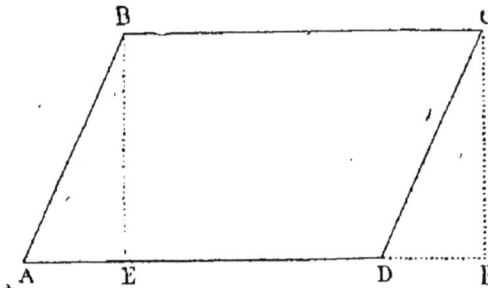

Pour prouver que l'ai e  BCD a pour mesure AD $\times$ BE,
il suffit de prouver que le parallélogramme est équivalent
au rectangle BECF qui a même base et même hauteur.

Or, les triangles rectangles ABE, DCF sont égaux parce
qu'ils ont deux côtés égaux chacun à chacun, comme portions de parallèles comprises entre parallèles, donc on ne

change pas l'aire en supprimant le triangle ABE et en ajoutant DCF; les deux quadrilatères sont donc équivalents.

## THÉORÈME V.

*Le triangle a pour mesure la moitié du produit de sa base par sa hauteur.*

Soit en effet le triangle ABC: nous traçons par les points

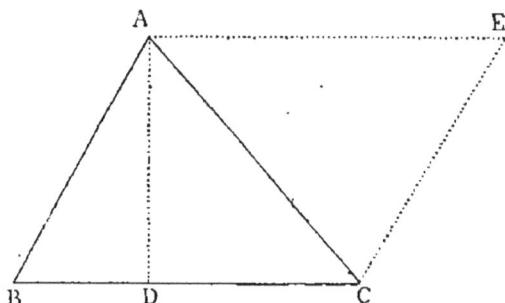

A, C des droites respectivement parallèles à BC et AB, nous formons ainsi un parallélogramme qui est décomposé par AC en deux triangles égaux. Donc ABC vaut la moitié du parallélogramme; or le parallélogramme a pour mesure $BC \times AD$, donc le triangle a pour mesure la moitié de ce produit.

**Corollaires.** — **I.** — *Deux triangles de même base sont dans le rapport de leurs hauteurs.*

**II.** — *Deux triangles de même hauteur sont dans le rapport des bases.*

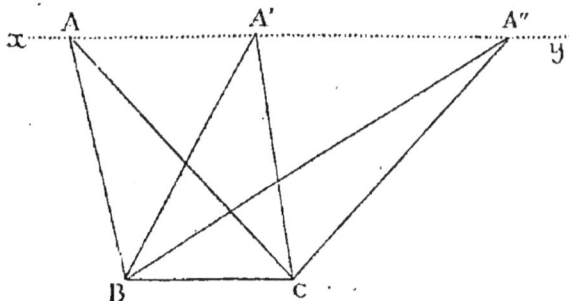

Par exemple si le triangle ABC conserve la même base

BC et que son sommet A se déplace sur la parallèle $xy$ à BC, l'aire conserve la même valeur.

**III.** — *Les aires de deux triangles qui ont un angle égal (ou un angle supplémentaire) sont dans le rapport des produits des côtés qui comprennent cet angle.*

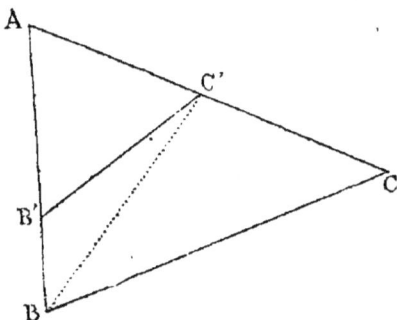

Ainsi les triangles ABC, AB'C' qui ont l'angle A commun, sont dans le rapport des produits AB $\times$ AC, AB' $\times$ AC'; en effet, considérons le triangle auxiliaire ABC' et comparons ABC à ABC': en prenant pour bases les côtés AC, AC', les triangles ont même hauteur, ils sont donc dans le rapport des bases :

$$\frac{ABC}{ABC'} = \frac{AC}{AC'}$$

de même les triangles ABC' et AB'C' sont dans le rapport des bases AB, AB' :

$$\frac{ABC'}{AB'C'} = \frac{AB}{AB'}$$

en multipliant membre à membre les deux égalités, et supprimant le facteur ABC' commun aux deux termes du premier membre nous aurons :

$$\frac{ABC}{AB'C'} = \frac{AB \times AC}{AB' \times AC'}.$$

C'est la relation qu'il fallait établir.

**IV**. — *En représentant par a le côté d'un triangle équilatéral, l'aire de cette figure a pour expression:*

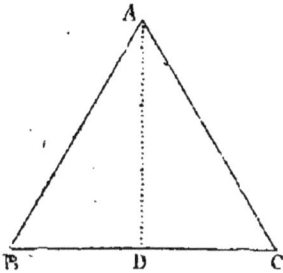

$$\frac{a}{4}$$

Soit en effet le triangle équilatéral ABC: traçons la hauteur AD, elle passe par le milieu D de la base, on a donc dans le triangle rectangle ABD:

$$\overline{AD}^2 = \overline{AB}^2 - \overline{BD}^2 \quad \text{ou} \quad \overline{AD}^2 = a^2 - \frac{a^2}{4}$$

donc $AD = \frac{a\sqrt{3}}{2}$ et multipliant cette hauteur par la moitié de la base on trouve: $\frac{a^2\sqrt{3}}{4}$

**V**. — *Un polygone étant toujours décomposable en triangles, la mesure du triangle conduit à la mesure d'un polygone quelconque.*

### Application numérique X.

*L'aire d'un triangle est 42 ares (513), sa base est 41<sup>m</sup>,7, calculer sa hauteur.*

En prenant le mètre carré pour unité de surface, la mesure de l'aire donnée est 4251,3 : la mesure de la base est 41,7; et, en représentant par $x$ la mesure de la hauteur, nous aurons :

$$41,7 \times x = 4251,3$$

donc

$$x = \frac{4251,3}{41,7}$$

nous effectuons l'opération de façon à obtenir le quotient à 0,01 près :

$$\begin{array}{r|l} 42513 & 417 \\ 813 & \overline{10194} \\ 3960 & \\ 2070 & \\ 402 & \end{array}$$

La hauteur cherchée a donc pour mesure 101,95 avec une erreur moindre que 0ᵐ,01.

## THÉORÈME VI.

*Le trapèze a pour mesure le demi-produit de la hauteur par la somme des bases.*

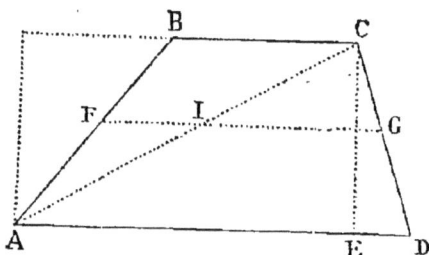

La hauteur du trapèze ABCD étant la distance CE des deux bases, la diagonale AC partage la figure en deux triangles ayant pour hauteur BE et pour bases AD et BC: nous aurons donc :

$$ABCD = \frac{1}{2}\,AD \times CE + \frac{1}{2}\,BC \times CE.$$

Ce que l'on peut écrire :

$$ABCD = \frac{1}{2}\,CE\,(AD + BC).$$

Nous trouvons donc pour l'aire du trapèze le demi-produit de la hauteur CE par la somme (AD + BC) des deux bases.

**Corollaire.** — *Le trapèze a pour mesure le produit de la hauteur par la parallèle aux bases équidistante de celles-ci.*

En effet, par le milieu F de AB traçons FG parallèle à AD, cette droite, somme des deux portions FI, IG, est la demi-somme des bases, donc l'aire a pour mesure le produit CE × FG.

D'ailleurs, ce résultat s'obtient encore aisément en traçant par le point F la parallèle à CD ; on forme ainsi un parallélogramme, équivalent au trapèze, qui a pour hauteur CE, et sa base égale à FG.

## PROBLÈME.

*Construire un triangle équivalent à un polygone donné.*

Il suffit pour résoudre ce problème de transformer un polygone en un autre polygone équivalent, mais ayant un côté de moins.

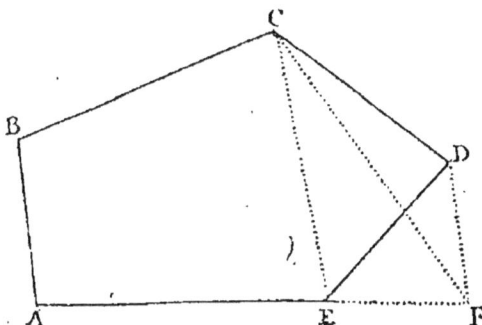

Soit le polygone ABCDE ; traçons la diagonale CE qui isole un sommet, et menons par ce sommet D la parallèle à cette diagonale ; elle rencontre le côté AE en F, traçons CF, le polygone ABCF qui a un côté de moins que le précédent lui est équivalent : en effet, en considérant la partie ABCE commune aux deux figures, il nous suffira de prouver que CDE est équivalent à CFE; or ces triangles ont une base commune CE, et les sommets opposés sur une parallèle à cette base, donc même hauteur.

Il est évident qu'en répétant cette construction un nombre suffisant de fois on obtiendra un triangle équivalent au polygone.

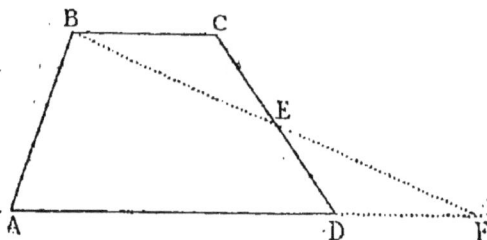

En particulier pour le trapèze on peut employer le moyen suivant: joignons le sommet B au milieu E du côté CD, nous formerons un triangle ABF équivalent au trapèze, car les triangles BCE, DEF sont égaux comme ayant un côté égal adjacent à deux angles égaux chacun à chacun. On retrouve ainsi le théorème VI, car le triangle ABF a pour base la somme AF des deux bases du trapèze et même hauteur que cette figure. D'ailleurs, CF est parallèle à BD, on retrouve donc la construction générale.

**Corollaire.** — *Pouvant construire un triangle équivalent à un polygone donné et sachant mesurer l'aire d'un triangle, on sait mesurer l'aire d'un polygone quelconque.*

**Application I.** — *Construire un carré équivalent à un triangle.*

Soit le triangle ABC dont AD est l'une des hauteurs; le côté $x$ du carré doit donc être tel que l'on ait:

$$x^2 = BC \times \frac{AD}{2},$$

il est donc la moyenne géométrique entre les deux longueurs BC et $\frac{AD}{2}$.

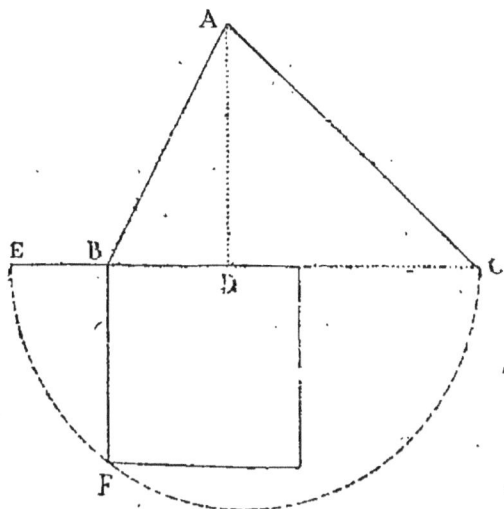

Nous prenons donc BE $= \frac{AD}{2}$, nous décrivons une demi-circonférence sur EC comme diamètre et nous élevons au point B la perpendiculaire sur BC, la longueur BF est le côté du carré cherché.

**Corollaire.** — *Construire un carré équivalent à un polygone donné.*

Il suffit de transformer le polygone en triangle et d'appliquer la construction précédente.

**Application II.** — *L'aire d'un triangle a pour mesure le demi-produit du périmètre par le rayon de la circonférence inscrite.*

Soit le triangle ABC dont les côtés a, b, c, ont pour somme 2p, O le centre de la circonférence inscrite dont le rayon OD est r, et S l'aire.

10

En joignant le point O aux trois sommets nous décomposons l'aire en trois triangles ayant $r$ pour hauteur commune, et pour bases les côtés $a, b, c$, on a donc:

$$S = \frac{1}{2}\,ar + \frac{1}{2}\,br + \frac{1}{2}\,cr$$

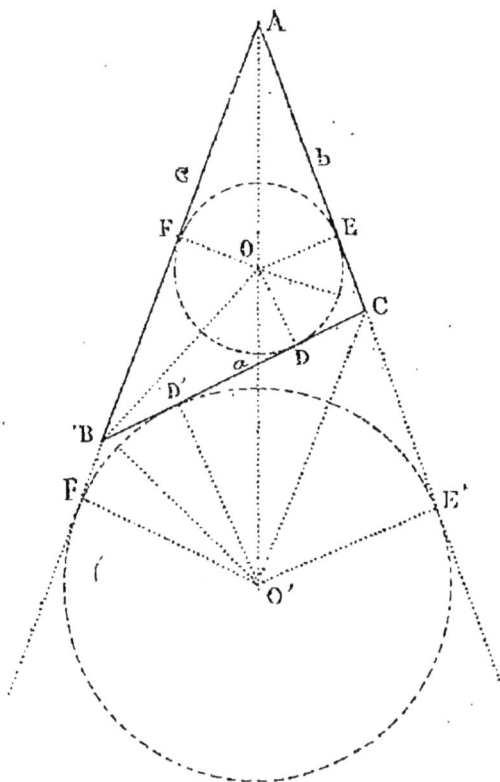

ou: $\qquad\qquad S = \dfrac{a+b+c}{2}\,r$

donc $\qquad\qquad S = pr,$

ce qu'il fallait prouver.

**Remarque.** — En représentant par $r'$ le rayon de la

circonférence ex-inscrite dont le centre O' est dans l'angle A, on obtient par les mêmes considérations

$$S = (p - a)\, r'.$$

En effet, le triangle ABC est égal à la somme:

O'AB + O'AC diminuée de O'BC;

donc:

$$S = \frac{1}{2}\, br' + \frac{1}{2}\, cr' - \frac{1}{2}\, ar'$$

ou:

$$S = \frac{b + c - a}{2}\, r'$$

or: $a + b + c = 2p$, donc: $b + c - a = 2p - 2a$ et par suite

$$S = (p - a)\, r'.$$

**Application III.** — *Calculer l'aire d'un triangle dont les trois côtés sont donnés.*

Reportons-nous à l'application précédente, en conservant les mêmes notations, nous tirons des égalités:

$$S = pr: S = (p - a)\, r'$$

l'égalité :

$$S^2 = p(p - a)\, rr'$$

cherchons à évaluer le produit $rr'$ à l'aide des côtés ; à cet effet, remarquons que les triangles BOD, BO'D' sont semblables parce que leurs côtés sont respectivement perpendiculaires ; il en résulte la proportion :

$$\frac{OD}{BD'} = \frac{BD}{O'D'}$$

donc :

$$rr' = BD \times BD'.$$

Or remarquons que les points D, E, F, déterminent sur

les côtés des segments égaux deux à deux (tangentes issues d'un même point), de sorte que trois segments inégaux ont pour somme le demi-périmètre $p$, ainsi :

$$BD + AE + EC = p$$

d'où :
$$BD = p - b$$

D'autre part, $AF' + AE'$ égale le périmètre car $BD' = BF'$ et aussi $CD' = CE'$, et comme $AF' = AE'$, $AF'$ égale le demi-périmètre $p$, donc $BD'$ ou son égal $BF'$ a pour valeur $(p - c)$ :

En remplaçant $BD$ et $BD'$ par les valeurs $(p - b)$ et $(p - c)$, que nous venons de trouver, nous obtenons :

$$S^2 = p(p - a)(p - b)(p - c)$$

d'où :
$$S = \sqrt{p(p - a)(p - b)(p - c)}.$$

### Application numérique XI.

*Calculer l'aire du triangle dont les côtés ont pour longueurs :*
$$3^m,5, \quad 2^m,4, \quad 4^m,3.$$

Nous savons qu'en représentant par $a$, $b$, $c$, les mesures des côtés à l'aide d'une même unité, le mètre par exemple, par $2p$ le périmètre et par $S$ la mesure de l'aire, en prenant le mètre carré pour unité, on a la formule :

$$S = \sqrt{p(p - a)(p - b)(p - c)}$$

Application à l'exemple proposé :

$$2p = 10,2$$
$$p = 5,1$$
$$p - a = 1,6$$
$$p - b = 2,7$$
$$p - c = 0,8$$

donc, en remplaçant :

$$S = \sqrt{5,1 \times 1,6 \times 2,7 \times 0,8}$$

ou :
$$S = \sqrt{17,6256}$$

Évaluons cette racine à 0,01 près, nous aurons la mesure de S à 1 décimètre carré près :

```
17,6256  | 4,19
    162  | 81 × 1
   8156  | 829 × 9
    695
```

L'aire cherchée est donc 4mc,20 à 1/2 décimètre carré près par excès (parce que le reste surpasse la racine).

## § II.—Aire d'un polygone circonscrit.—Aire du cercle.

### THÉORÈME VII.

*L'aire d'un polygone circonscrit à une circonférence a*

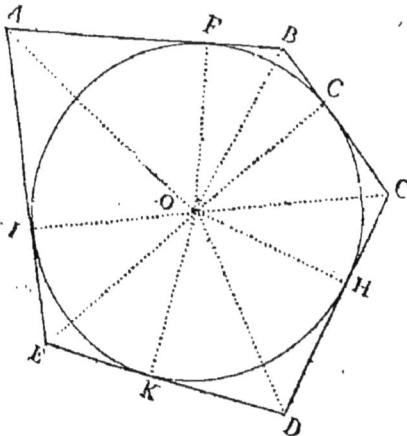

*pour mesure le demi-produit du périmètre par le rayon de la circonférence.*

10.

Soit le polygone ABCDE dont les côtés sont tangents à une même circonférence O, de rayon R : Soit S l'aire.

En joignant le point O aux sommets de ce polygone, nous le décomposons en triangles ayant pour hauteur commune le rayon de la circonférence :

On aura donc.

$$S = AB \times \frac{R}{2} + BC \times \frac{R}{2} + CD \times \frac{R}{2} + DE \times \frac{R}{2} + EA \times \frac{R}{2}$$

ce qui peut s'écrire :

$$S = (AB + BC + CD + DE + EA)\frac{R}{2}$$

Or, la somme entre parenthèses est le périmètre du polygone, donc l'aire est bien égale au demi-produit du périmètre par le rayon de la circonférence.

**Corollaire**. — *L'aire d'un polygone régulier a pour mesure le demi-produit du périmètre par l'apothème.*

En effet nous savons que le polygone est circonscrit à une circonférence dont le rayon s'appelle l'apothème du polygone régulier.


### THÉORÈME VIII.

*L'aire du cercle a pour mesure le demi-produit de la circonférence par le rayon.*

Inscrivons en effet un polygone régulier d'un nombre quelconque de côtés, et supposons que l'on double indéfiniment le nombre de ses côtés : l'aire du polygone ira constamment en croissant, et tendra vers une certaine limite, que nous admettons être l'aire du cercle par les mêmes raisons qui nous ont fait admettre que son périmètre tend vers la circonférence.

Or, l'aire de ce polygone est un produit de deux facteurs : l'un, le périmètre, a pour, limite la circonférence ; et l'autre, la moitié de l'apothème, tend vers la moitié du rayon; donc ce produit a pour limite le demi-produit de la circonférence par le rayon : c'est donc la mesure de l'aire du cercle.

**Corollaires.** — **I.** — *Si on représente par R le rayon d'une circonférence, le cercle a pour expression : $\pi R^2$.*

En effet, la circonférence a pour longueur $2\pi R$, en multipliant la moitié de cette longueur par R on obtient $\pi R^2$

**II.** — *Les aires de deux cercles sont dans le rapport des carrés des rayons.*

Car les aires S et S' de deux cercles de rayons R, R' ayant pour expressions :

$$S = \pi R^2$$
$$S' = \pi R^2$$

on obtient en divisant membre à membre :

$$\frac{S}{S'} = \frac{R^2}{R'^2}.$$

**III.** — *Si un cercle est la somme de plusieurs cercles, le carré de son rayon est la somme des carrés des rayons de ces cercles.*

Soit en effet le cercle C de rayon R qui égale la somme des cercles $c$ $c'$ $c''$ de rayons $r$ $r'$ $r''$ : nous aurons d'après le corollaire II :

$$\frac{C}{R^2} = \frac{c}{r^2} = \frac{c'}{r'^2} = \frac{c''}{r''^2}$$

et par suite :

$$\frac{C}{R^2} = \frac{c + c' + c}{r^2 + r'^2 + r''^2}.$$

Mais les numérateurs sont égaux par hypothèse, donc les dénominateurs sont aussi égaux, et l'on a

$$R^2 = r^2 + r'^2 + r''^2.$$

## Application numérique XII.

*Quelle est l'aire du cercle dont le rayon est 3ᵐ,7 ?*

En désignant par S l'aire cherchée, nous savons que l'on a :

$$S = \pi \times (2,7)^2$$

ou,

$$S = \pi \times 13,69$$

or $\pi$ est un nombre incommensurable, qui ne peut être représenté ni par un entier ni par une fraction, mais dont on peut connaître autant de chiffres décimaux qu'on le veut : Il faut donc remplacer $\pi$ par une valeur approchée : nous savons par exemple qu'on a :

$$3,14 < \pi < 3,15$$

donc :

$$3,14 \times 13,69 < S < 3,15 \times 13,69$$

en effectuant les produits indiqués, nous obtenons :

$$42,9866 < S < 43,1235$$

Il en résulte que chacun de ces deux nombres diffère moins de S qu'ils ne diffèrent entre eux, or :

$$43,1235 - 42,9866 = 0,1369$$

donc 42,9866 représente S, par défaut, avec une erreur moindre a fortiori que 0,15.

Ainsi l'aire cherchée vaut 42ᵐᶜ9866 avec une erreur moindre que 15 décimètres carrés.

**Remarque.** — Il est clair que l'on peut avoir des valeurs aussi approchées de S qu'on le veut, mais alors il faudrait savoir quel est le nombre de décimales suffisantes dans $\pi$ pour atteindre une approximation donnée dans le le produit $13,69 \times \pi$ : c'est là un problème qui n'entre pas dans le cadre de ce cours.

**Applications. — I. —** *Construire un cercle qui soit la somme de deux cercles donnés.*

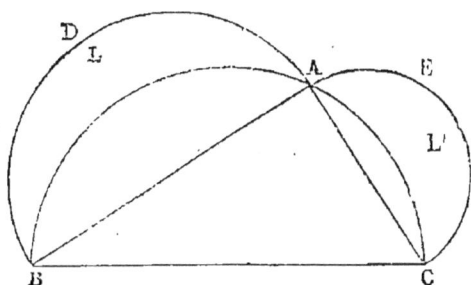

Il suffit de prendre pour rayon de ce cercle l'hypoténuse du triangle rectangle dont les côtés de l'angle droit sont les rayons des cercles donnés.

Ainsi décrivons des demi-circonférences ayant pour diamètres les trois côtés du triangle rectangle ABC, nous voyons que l'aire du demi-cercle BAC égale la somme des aires des demi-cercles BDA, AEC. — Il est facile d'en conclure que la somme des aires des *lunules* L L' égale l'aire du triangle ABC.

**II.—***Construire un cercle qui soit une fraction donnée d'un cercle donné.*

Soit C le cercle donné de rayon R, et proposons-nous de construire un cercle C' qui soit la fraction $\frac{m}{n}$ de C : en désignant par $x$ son rayon, nous avons la proportion

$$\frac{C'}{C} = \frac{x^2}{R^2}$$

et d'autre part on nous accorde

$$\frac{C'}{C} = \frac{m}{n}$$

donc il faut avoir

$$\frac{x^2}{R^2} = \frac{m}{n}.$$

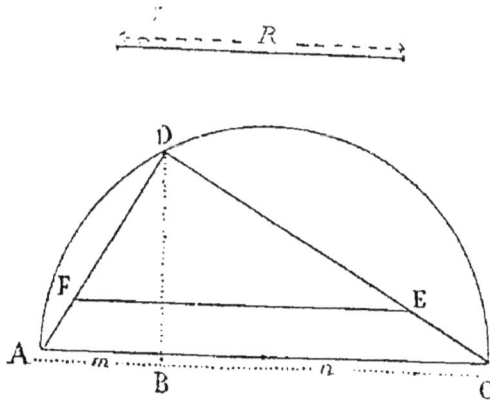

Pour construire $x$, nous prenons sur une direction arbitraire les longueurs AB, BC proportionnelles aux nombres $m$ et $n$; nous décrivons la demi-circonférence de diamètre AC, nous élevons BD perpendiculaire sur AC les droites DA, DB ont déjà des carrés proportionnels à leurs projections sur AC, c'est-à-dire aux nombres $m$, $n$ (Corollaire III du théorème XII, Livre III). Si donc nous prenons DE = R, en traçant EF parallèle à AC, nous aurons DF = $x$,

car $\dfrac{DF}{DE} = \dfrac{DA}{DC}$ et comme $\dfrac{\overline{DA^2}}{\overline{DC^2}} = \dfrac{m}{n}$ on a aussi $\dfrac{\overline{DF^2}}{\overline{DE^2}} = \dfrac{m}{n}$.

## THÉORÈME IX.

*L'aire d'un secteur circulaire a pour mesure la moitié du produit de l'arc par le rayon.*

En effet dans un même cercle deux secteurs sont dans le même rapport que les arcs.

(Cette propriété se démontre par la méthode qui a servi à prouver que deux angles au centre sont dans le rapport des arcs interceptés.)

Soit donc le secteur AOB, comparons-le au cercle, qui est un secteur.

$$\frac{Secteur\ AOB}{cercle\ O} = \frac{arc\ AB}{circonf.\ O.}$$

d'où
$$secteur\ AOB = arc\ AB \times \frac{cercle\ O}{circonf.\ O}$$

mais le rapport du cercle à la circonférence est la moitié du rayon, donc :

$$secteur\ ACB = arc\ AB \times \frac{R}{2}.$$

**Corollaire.** — *Si* α *est la mesure de l'angle au centre d'un secteur (le degré étant pris pour unité) dans une circonférence de rayon R, l'expression de l'aire sera* $\frac{\pi R^2 \alpha}{360}$

Car l'arc a pour mesure $\frac{\pi R \alpha}{180}$, en multipliant par $\frac{R}{2}$

on trouve : $\frac{\pi R^2 \alpha.}{360}$

§ III. — Rapport des aires de deux figures semblables.

## THÉORÈME X.

*Le rapport des aires de deux triangles semblables est égal au rapport des carrés de deux côtés homologues.*

Soit les triangles semblables ABC, A'B'C' : ces triangles ayant les angles A et A' égaux ont leurs aires dans le rap-

port des produits des côtés qui comprennent ces angles
(Corollaire III du théorème V).

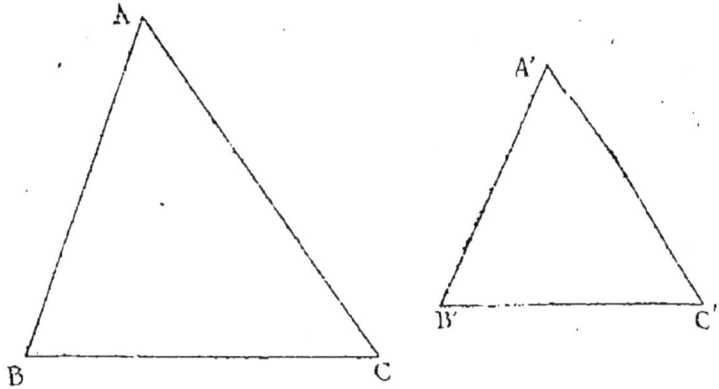

on a donc
$$\frac{ABC}{A'B'C'} = \frac{AB \times AC}{A'B' \times A'C'}$$

ou
$$\frac{ABC}{A'B'C'} = \frac{AB}{A'B'} \times \frac{AC}{A'C'}$$

mais
$$\frac{AB}{A'B'} = \frac{AC}{A'C'}$$

donc
$$\frac{ABC}{A'B'C'} = \frac{\overline{AB}^2}{\overline{A'B'}^2}.$$

Ce qu'il fallait prouver.

## THÉORÈME XI.

*Le rapport des aires de deux polygones semblables est
égal au rapport des carrés des côtés homologues.*

Soit les deux polygones semblables

ABCDEF, A'B'C'D'E'F' :

tirons les diagonales issues des sommets homologues
A et A', afin de décomposer les polygones en triangles

semblables chacun à chacun : le rapport de deux côtés homologues dans deux de ces triangles semblables est égal au rapport de deux côtés homologues, par exemple à $\dfrac{AB}{A'B'}$

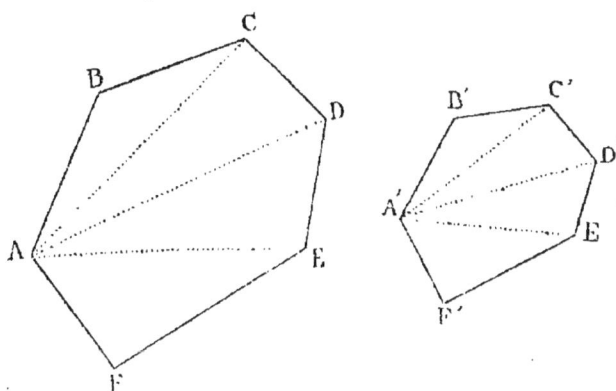

on a donc, en appliquant le théorème X :

$$\frac{\overline{AB}^2}{\overline{A'B'}^2} = \frac{ABC}{A'B'C'} = \frac{ACD}{A'C'D'} = \frac{ADE}{A'D'E'} = \frac{AEF}{A'E'F'}.$$

ou par suite :

$$\frac{\overline{AB}^2}{\overline{A'B'}^2} = \frac{ABC + ACD + ADE + AEF}{A'B'C' + A'C'D' + A'D'E' + A'E'F'}.$$

C'est précisément ce qu'il fallait prouver puisque les termes du second membre sont les aires des deux polygones.

**Remarque**. — Il est important de rapprocher ce théorème II du théorème IV du livre III, et de remarquer que dans deux figures semblables les périmètres sont dans le rapport de deux lignes homologues, tandis que les aires sont dans le rapport des carrés des côtés homologues.

11

D'après le théorème XX, livre III, et le corollaire II du théorème VIII. Il en est de même de deux circonférences.

**Application 1.** — *Partager un triangle en deux parties équivalentes par une parallèle à l'un de ses côtés.*

Soit la parallèle DE à BC partageant l'aire du triangle

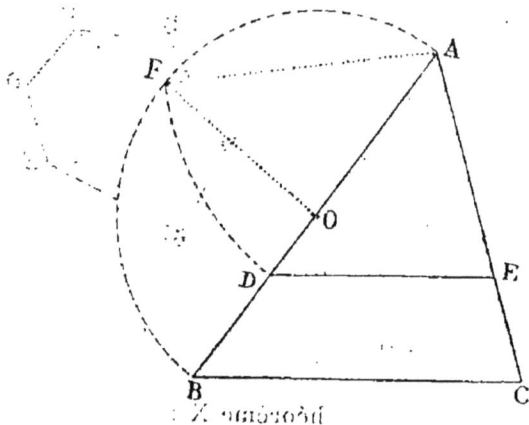

ABC en deux parties équivalentes, il en résulte que le triangle ADE est la moitié du triangle ABC; comme ces triangles sont semblables, on a :

$$\frac{ADE}{ABC} = \frac{\overline{AD}^2}{\overline{AB}^2}$$

donc il faut avoir :

$$\frac{\overline{AD}^2}{\overline{AB}^2} = \frac{1}{2}$$

pour cela, décrivons une demi-circonférence sur AB comme diamètre, en joignant A au milieu F de la demi-circonférence. AF sera égale à AD, en effet :

$$\overline{AF}^2 = AO \times AB$$

ou
$$\overline{AF}^2 = \frac{AB}{2} \times AB$$

donc
$$\frac{\overline{AF}^2}{AB} = \frac{1}{2}.$$

**Remarque.** — Cette construction se généralise aisément et conduit au partage d'un triangle en $n$ parties équivalentes par des parallèles à un côté.

**Application II.** — *Par l'un des points communs A à deux circonférences OO'on trace une sécante MAN dont on joint les extrémités au second point commun B aux deux circonférences ; trouver la position de MN pour laquelle l'aire du triangle MBN variable est maximum.*

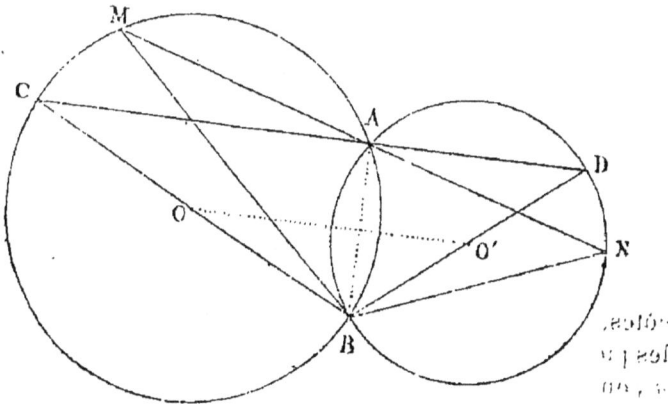

Nous remarquons que le triangle MBN, variable quand la sécante pivote autour du point A, reste semblable à lui-même : en effet chacun des deux angles inscrits M et N a une mesure constante.

Le maximum de l'aire sera donc atteint quand l'un quelconque des côtés sera maximum. — Or le côté MB, par ex., a pour maximum le diamètre BC, donc le triangle aura atteint son maximum quand MAN sera parallèle à OO'.

**Remarque.** — Ce résultat peut d'ailleurs se voir autrement ; en effet lorsque MAN prend la position CD, la longueur MAN est maximum et la hauteur qui est alors AB est aussi maximum.

**Application III.** — *Construire un polygone, semblable à plusieurs polygones donnés semblables entre eux, tel que son aire soit la somme des aires de ces polygones.*

Il suffit pour cela que le carré d'un côté de ce polygone soit la somme des carrés des côtés homologues des polygones donnés.

Soit en effet P l'aire du polygone cherché. A une de ses

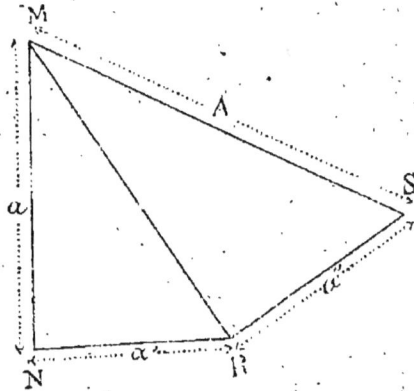

côtés, et soit $p$ $p'p''$ les aires des polygones donnés dans lesquels les côtés homologues de A ont pour longueurs $a$, $a'$, $a''$, on aura donc :

$$\frac{P}{A^2} = \frac{p}{a^2} = \frac{p'}{a'^2} = \frac{p''}{a''^2}$$

ou bien :

$$\frac{P}{A^2} = \frac{p + p' + p''}{a^2 + a'^2 + a''^2}.$$

mais les numérateurs sont égaux, donc il en est de même des dénominateurs, on a donc $A^2 = a^2 + a'^2 + a''^2$.

Il en résulte une construction facile du côté A.

Nous formons un premier triangle rectangle MNR dont les côtés de l'angle droit sont $a$ $a'$ : puis nous traçons RS égal à $a''$ et perpendiculaire à MR ; la ligne MS a pour carré la somme des carrés des trois lignes $a$. $a'$. $a''$ donc $\text{MS} = A$.

Pour achever le problème, on construira un polygone semblable à $p$ ayant MS pour côté homologue de $a$ (application III du § 2 du livre III).

**Remarque.** — Si l'on construit des polygones semblables entre eux ayant pour côtés homologues les trois côtés d'un triangle rectangle, l'aire du polygone construit sur l'hypoténuse sera la somme des aires des deux autres.

**Application IV.** — *Construire un polygone semblable a un polygone donné, dont l'aire soit une fraction donnée de l'aire de ce polygone.*

Soit P l'aire du polygone donné, $a$ l'un de ses côtés.

Soit P' l'aire du polygone cherché, $x$ le côté homologue à $a$, et supposons que l'on doive avoir $\text{P}' = \dfrac{m}{n}\,\text{P}$.

On aura donc : 
$$\frac{\text{P}'}{\text{P}} = \frac{m}{n}$$

et aussi :
$$\frac{\text{P}'}{\text{P}} = \frac{x^2}{a^2}$$

donc $n$ est déterminée par la proportion

$$\frac{x^2}{a^2} = \frac{m}{n}$$

La construction de $x$ se fera comme dans l'application II du § II.

Enfin $x$ étant connu, nous pourrons construire le polygone cherché.

## § IV. — EXERCICES PROPOSÉS SUR LE LIVRE IV.

1. Deux côtés d'un triangle sont dans le rapport inverse des hauteurs qui leur correspondent. (Théorème V.)

2. L'aire d'un quadrilatère est la moitié de l'aire du parallélogramme qui a ses côtés respectivement égaux et parallèles aux diagonales de ce quadrilatère. (Théorème V.)

3. L'aire d'un triangle est partagée en parties équivalentes par les droites qui joignent le centre de gravité aux trois sommets.

4. Parmi tous les triangles qui ont un côté commun et même angle opposé à ce côté, quel est celui qui a la plus grande surface. (Théorème V du livre IV et appl. I du § IV, livre II.)

5. Si DE parallèle au côté BC du triangle ABC coupe les côtés AB, AC aux points D, E, l'aire du triangle ADC sera moyenne géométrique entre les aires des triangles ADE, ABC. (Théorème V.)

6. L'aire d'un trapèze a pour mesure le produit d'un des côtés non parallèles par la distance à ce côté du milieu du côté opposé.

7. Par un point M donné sur le côté AB d'un quadrilatère ABCD, tracer une droite qui partage l'aire de cette figure en deux parties équivalentes. (Problème § I.)

8. Construire un triangle équilatéral équivalent à un polygone donné. (Appl. I, § I.)

9. En représentant par S l'aire d'un triangle, et par $rr'r''r'''$ les rayons des circonférences tangentes à ses côtés on a $S^2 = rr'r''r'''$. (Appl. II et III, § I).

10. Prouver que l'aire de l'octogone régulier convexe dont le côté est a a pour expression

$$2a^2(\sqrt{2}+1).$$

(Théorème VII.)

111. La couronne comprise entre deux circonférences concentriques est équivalente au cercle ayant pour diamètre la corde de la plus grande, tangente à la plus petite. (Théorème VIII.)

12. La somme des distances d'un point intérieur à un polygone régulier à tous les côtés est constante (Théorème VII.)

13. Circonscrire à un triangle donné le triangle équilatéral de surface maximum.

14. Partager un triangle en trois parties équivalentes par des parallèles à l'un de ses côtés.

15. Si l'on considère les circonférences inscrites dans un triangle rectangle et dans les triangles rectangles formés par la hauteur relative à l'hypoténuse, leurs rayons seront les côtés d'un même triangle rectangle.

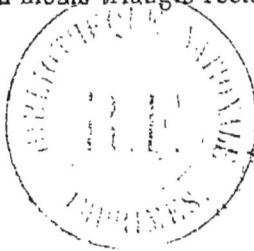

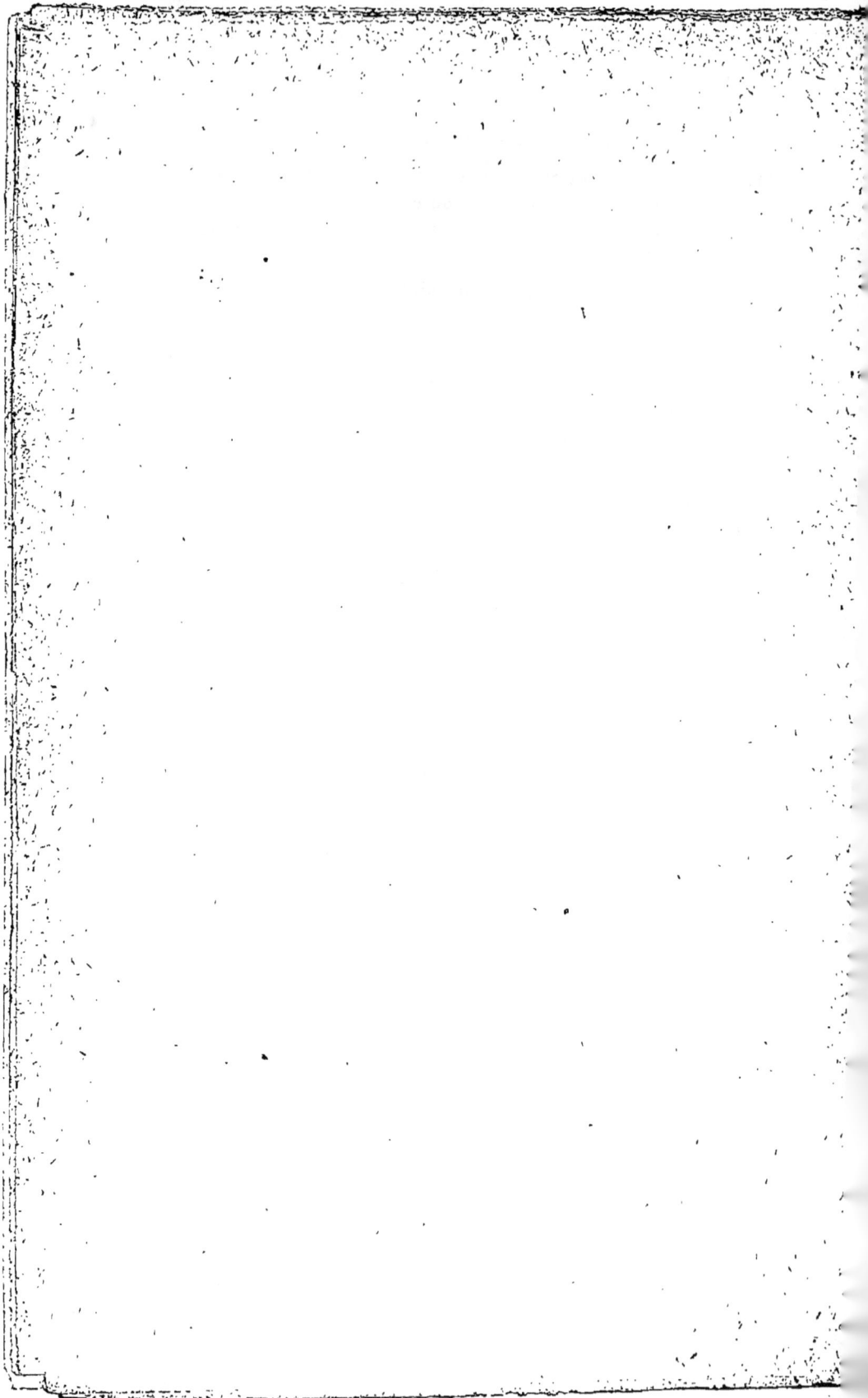

# TABLE DES MATIÈRES

DU

## COURS DE GÉOMETRIE DE LA CLASSE DE TROISIÈME

### REVISION DU LIVRE I.

| | pages |
|---|---|
| Notions préliminaires | 1 |
| Ligne droite, plan, ligne brisée, ligne courbe. | 2 |
| Angle. — Angle droit. — Perpendiculaire | 3 |
| Triangles. — Cas principaux d'égalité | 11 |
| Principales propriétés des perpendiculaires et des obliques. | 17 |
| Cas d'égalité des triangles rectangles. | 21 |
| Théorie des parallèles. | 25 |
| Parallélogrammes | 34 |

### REVISION DU LIVRE II.

| | |
|---|---|
| Circonférence. | 43 |
| Intersection au contact de deux circonférences. | 46 |
| Dépendance mutuelle des cordes et des arcs. — Tangente. | 51 |
| Mesure des angles | 59 |
| Problèmes graphiques qui dépendent des livres I et II | 71 |

### LIVRE III.

| | |
|---|---|
| Lignes proportionnelles | 84 |
| Applications. | 90 |
| Applications. | 96 |
| Similitude. | 99 |
| Applications. | 109 |
| Relations entre les côtés d'un triangle rectangle | 113 |
| Applications. | 120 |
| Propriétés des cordes, des sécantes, des tangentes issues d'un même point | 124 |
| Applications. | 129 |
| Polygones réguliers. — Carré. — Hexagone | 136 |

Mesure de la circonférence . . . . . . . . . . . . . . . . . . . 146
Applications numériques. . . . . . . . . . . . . . . . . . . . . 151
Exercices proposés sur le livre III. . . . . . . . . . . . . . . . 155

## LIVRE IV.

Mesures des aires. — Rectangle, parallélogramme, triangle, 159
    trapèze . . . . . . . . . . . . . . . . . . . . . . . . . . . . .
Applications. . . . . . . . . . . . . . . . . . . . . . . . . . . 168
Aire d'un polygone circonscrit. . . . . . . . . . . . . . . . . . 173
Aire du cercle. . . . . . . . . . . . . . . . . . . . . . . . . . . 174
Applications. . . . . . . . . . . . . . . . . . . . . . . . . . . 176
Aire du secteur. . . . . . . . . . . . . . . . . . . . . . . . . . 178
Rapport des aires de deux figures semblables . . . . . . . . 179
Applications. . . . . . . . . . . . . . . . . . . . . . . . . . . 182
Exercices proposés sur le livre IV. . . . . . . . . . . . . . . . 186

Paris. Soc. d'imp. P. DUPONT (Cl.) 166.11.80.

www.ingramcontent.com/pod-product-compliance
Lightning Source LLC
Chambersburg PA
CBHW070404090426
42733CB00009B/1533